한눈에 알아보는 우리 생물 10

화살표

수서
딱정벌레
노린재
도감

한눈에 알아보는 우리 생물 10
화살표 수서 딱정벌레·노린재 도감

펴낸날 2025년 2월 25일
지은이 정상우, 이대현

펴낸이 조영권
만든이 노인향
꾸민이 토가 김선태

펴낸곳 자연과생태
등록 2007년 11월 2일(제2022-000115호)
주소 경기도 파주시 광인사길 91, 2층
전화 031-955-1607 **팩스** 0503-8379-2657
이메일 econature@naver.com
블로그 blog.naver.com/econature

ISBN : 979-11-6450-066-6 96490

정상우, 이대현 ⓒ 2025

- 이 책의 일부나 전부를 다른 곳에 쓰려면
  반드시 저작권자와 자연과생태 모두에게 동의를 받아야 합니다.
- 잘못된 책은 책을 산 곳에서 바꾸어 줍니다.

한눈에 알아보는 우리 생물 10

화살표
수서 딱정벌레 노린재 도감

글·사진
정상우, 이대현

자연과생태

머리말

딱정벌레와 노린재는 육상에서 흔히 보이기에 땅에만 산다고 여길 수 있지만, 하천과 습지 등 수생태계에도 여러 종이 산다. 이들 대부분이 물속에서 생활하지만 호흡할 때는 수면으로 올라와 대기 속 공기를 이용한다.

과거에는 물속에 들어가 검은색 물방개와 커다란 물장군을 잡거나 물 위에서 빙빙 도는 물맴이와 스케이트를 타는 소금쟁이를 관찰하며 노는 사람이 많았다. 하지만 지금은 인간의 간섭과 개발로 수생태계가 훼손되면서 수서 딱정벌레·노린재를 만나기가 어려워졌다. 날개가 있는 성충은 기존 서식처를 떠나고, 날개가 없는 유충이나 좋은 미처 서식처를 벗어나지 못한 채 사라지기 때문인 듯하다.

이처럼 작은 생명체가 하나둘씩 서식처를 잃고 절멸해 가는 상황을 보면서 큰 생명체인 인간 역시 언젠가는 같은 상황에 처할 수 있다는 점을 깊이 되새긴다.

현재 우리나라에서 정수성 생물은 많이 알려졌으며, 모기 방제 및 생체모방에 관한 연구도 많이 이루어지고 있다. 하지만 수서 딱정벌레·노린재는 서식처와 생태 정보가 부족해 채집과 분류부터가 쉽지 않다.

그렇기에 이 책에서는 우리나라에서 흔히 보이는 수서 딱정벌레 71종과 수서 노린재 33종을 추려 형태 특징만을 간략히 제시했다. 앞으로 연구에 따라 이들을 다시 멸종 위기종, 기후변화 지표종, 희귀종 등으로 세분할 수 있겠지만, 우선은 종의 생김새만이라도 정확히 기록할 필요가 있다고 판단했다.

부디 이 책이 그동안 정확하게 구별하지 못했던 수서 딱정벌레·노린재를 동정하는 데에 작게나마 도움이 되기를, 또한 수서 딱정벌레·노린재 서식처 보호 및 다양한 연구를 이끄는 계기가 되기를 바란다.

끝으로 이 책을 준비하는 동안 열렬히 지지하고 도와주신 다살이생물자원연구소 박사님들과 연구원들께 감사한 마음을 전한다.

2025년 2월
정상우, 이대현

일러두기

- 우리나라에서 흔히 볼 수 있는 수서 딱정벌레 71종과 수서 노린재 33종을 소개했다.
- 국명과 학명은 「국가생물종목록 Ⅲ. 곤충」(2019년)과 『한국곤충명집』(2021년)을 기준으로 삼았다.
- 성충의 과(Family) 검색표와 특징을 수록했다.
- 성충의 형태 특징을 화살표로 짚어 간략히 설명했다.
- 사진에서는 보이지 않는 부위에 있는 형태 특징은 대략적인 위치를 짚어 설명했다.
- 표본 사진은 다살이생물자원연구소가 소장한 표본을 촬영한 것이며, 생태 사진을 확보하지 못한 종은 표본 사진을 추가로 실었다. 또한 일부 멸종 위기종은 오래전에 촬영한 생태 및 표본 사진을 실었다.

차례

머리말 _ 5
일러두기 _ 6

수서 딱정벌레 무리

무리 이해하기 **10**
형태 및 구조 특징 **12**
과(Family) 검색표 **14**
수록 종 목록 **16**

물방개과 **20** | 물맴이과 **48** | 물진드기과 **51** | 자색물방개과 **57** | 알꽃벼룩과 **59**
투구물땡땡이과 **61** | 물땡땡이과 **62** | 호리가슴땡땡이과 **77** | 여울벌레과 **79**
여울벌레붙이과 **85** | 진흙벌레과 **86** | 물삿갓벌레과 **88**

수서 노린재 무리

무리 이해하기 **92**
형태 및 구조 특징 **94**
과(Family) 검색표 **96**
수록 종 목록 **98**

물노린재과 **100** | 깨알물노린재과 **101** | 실소금쟁이과 **102** | 소금쟁이과 **103**
깨알소금쟁이과 **108** | 물장군과 **110** | 장구애비과 **114** | 물벌레과 **118**
딱부리물벌레과 **125** | 물빈대과 **126** | 물둥구리과 **127** | 송장헤엄치게과 **128**
둥글물벌레과 **130** | 갯노린재과 **132**

참고문헌 _ **133**
빨리찾기 _ **135**
찾아보기 _ **150**

수서 딱정벌레 무리

무리 이해하기

수서 딱정벌레는 다양한 수생태계에 서식하는 저서성 대형무척추동물이다. 국내에는 13과 67속 167종이 기록되었다(『한국곤충명집』, 2021년 기준).

13개 과(Family)는 물방개과(Dytiscidae, 20속 61종), 물맴이과(Gyrinidae, 3속 7종), 물진드기과(Haliplidae, 2속 8종), 자색물방개과(Noteridae, 2속 3종), 알꽃벼룩과(Scirtidae, 6속 18종), 투구물땡땡이과(Helophoridae, 1속 1종), 곰보물땡땡이과(Hydrochidae, 1속 2종), 물땡땡이과(Hydrophilidae, 15속 37종), 호리가슴땡땡이과(Hydraenidae, 2속 8종), 진흙벌레과(Heteroceridae, 2속 5종), 여울벌레과(Elmidae, 8속 12종), 여울벌레붙이과(Dryopidae, 1속 1종), 물삿갓벌레과(Psephenidae, 4속 4종)로 나눈다.

과거에는 흔했다가 최근에는 매우 드물어진 물방개과의 물방개는 2012년에 멸종위기 야생생물 관찰종으로, 2017년에는 멸종위기 야생생물 II급으로 지정되어 보호받고 있다. 또한 물방개과 중에는 국가생물적색목록에 포함된 종도 있다. 동쪽애물방개, 배물방개붙이는 EN(위기) 등급이고, 물방개, 알락물방개, 왕물맴이, 톱니물땡땡이는 VU(취약) 등급이며, 아담스물방개, 줄무늬물방개, 투구물땡땡이는 NT(준위협) 등급이다.

딱정벌레는 번데기 시기를 거치는 완전변태 곤충으로, 매우 다양한 무리로 나누지만 대부분이 육상에 서식하며 물에 사는 종은 아주 적다. 수서 딱정벌레는 단계통군(monophyletic group)이 아니다(Lawrence et al., 2011; Slipinski et al., 2011; Mckenna, 2014). 딱정벌레 진화 역사에서 적어도 10번 이상 독립적으로 수생태계에 진출했고, 20번 이상 수생태계에 적응해 왔기에(Crowson, 1981) 형태와 생태가 다양하다. 가장 작은 수서 딱정벌레는 1mm 미만이고 가장 큰 종은 5cm 정도이다(Jäch and Balke, 2008).

하천, 샘, 호수, 도랑, 지하수 등 다양한 수생태계에 산다. 얼음 아래나 염분이 매우 높은 웅덩이에 서식하는 종도 있다. 바닷속에서는 살지 못하지만, 바닷가 바위 웅덩이나 파도가 날리는 해안가에서 보이기도 한다. 하지만 대체로는 수초가 많은 작은 연못을 선호하고, 큰 호수라면 가장자리에서 주로 보인다. 성충은 서식처 환경이 나빠지면 다른 서식처로 날아간다 (Balke *et al.*, 2002).

여울벌레는 수질, 서식처의 오염 상태를 알려 주는 지표종으로 활용된다. 일부 물방개와 물땡땡이 종들은 생물학적 모기 방제에 포식자로써 연구되었다. 중국, 태국, 뉴기니에서는 큰 물방개를 식용하며, 우리나라에서는 물방개를 동그란 통에 넣어 어디로 가는지에 따라 상품이 정해지는 게임에 쓰기도 한다(Balke *et al.*, 2002).

형태 및 구조 특징

딱정벌레 몸은 머리, 가슴, 배로 나뉘고, 다리는 3쌍이다. 몸은 단단한 외골격으로 싸여 있으며 좌우대칭이고, 각 몸마디(체절)에 부속지가 달려 있다.

머리는 크고 둥글다. 겹눈은 크고 홑눈은 대부분 없다. 더듬이는 대개 11마디이지만 일부 종은 10마디 이하이다. 더듬이 삽입점은 겹눈과 큰턱 사이에 있다. 입틀은 씹는 형태이며, 작은턱수염은 4마디이고 아랫입술수염은 3마디이다. 목구멍판(gula)이 있다. 날개는 2쌍이며 앞날개는 단단한 딱지날개로 변형되었다. 뒷날개는 비행할 수 있는 막질이며, 딱지날개 밑으로 접힌다. 딱지날개는 뒷날개, 가운데가슴, 뒷가슴, 배를 보호한다.

가슴 전체는 배와 넓게 연결되며 앞가슴은 크고 따로 움직일 수 있다. 가운데가슴과 뒷가슴은 결합되며 딱지날개(앞날개)에 가려진다. 작은방패판은 대부분 위에서 보이지만 일부 보이지 않는 종도 있다. 가슴과 배의 몸마디를 경피 4장, 즉 등판과 배판과 측판 2장이 고리 모양으로 감싼다. 발목마디 수는 일반적으로 5-5-5이며 끝부분에 발톱 1쌍이 있다(Arnett & Thomas, 2001).

수서 딱정벌레 대부분은 유선형 몸, 노처럼 생긴 넓적한 다리, 헤엄치기에 적당한 긴 털 등 수영과 잠수에 적응된 형태이다. 대체로 이들 몸에는 공기를 저장할 수 있는 플라스트론(plastron)이라는 기관이 있으며, 여기에는 짧은 털이 빽빽하다. 물방개과, 물진드기과, 자색물방개과, 물땡땡이과는 호흡하려고 주기적으로 수면으로 올라와 플라스트론에 공기를 채운다. 호리가슴땡땡이과, 여울벌레과, 여울벌레붙이과는 몸 전체에 플라스트론이 있어 물속에서도 자동으로 공기가 교환되기 때문에 호흡하려고 수면으로 올라오지 않아도 된다.

몇몇 물맴이과에게는 물에 잘 뜨는 물질이 나오는 분비샘도 있다. 반면 일부 일부 헤엄을 잘 치지 못하는 종은 돌이나 나무를 기어다니기에 알맞게 다리가 길고 발톱이 크다.

수서 딱정벌레 형태(예: 동쪽애물방개)

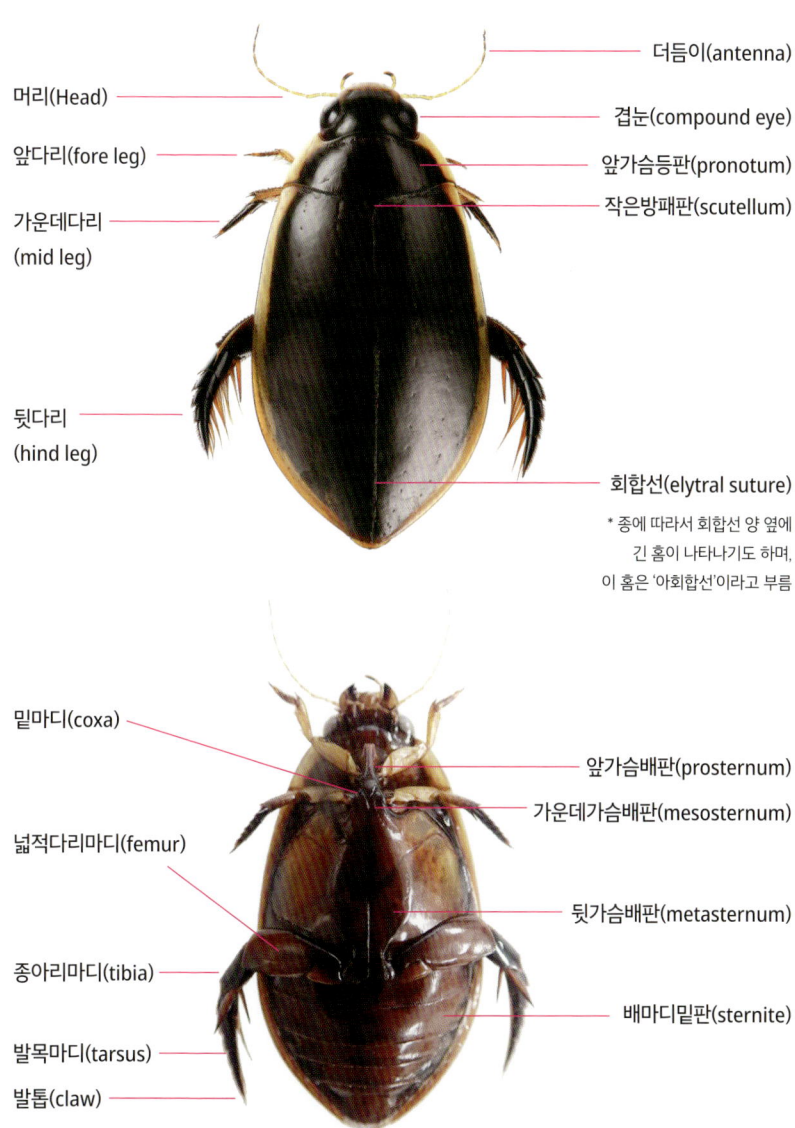

* 종에 따라서 회합선 양 옆에 긴 홈이 나타나기도 하며, 이 홈은 '아회합선'이라고 부름

과(Family) 검색표

* 우리나라에 사는 수서 딱정벌레 기준

1. 첫째 배마디밑판이 뒷다리 밑마디로 완전히 나뉜다. ·· 2
   첫째 배마디밑판이 뒷다리 밑마디로 나뉘지 않는다. ·· 5

2. 눈이 2개이며, 위아래로 나뉘지 않는다. ··· 3
   눈이 4개이며, 위아래로 나뉜다. ······································ **물맴이과(Gyrinidae)**

3. 뒷다리 밑마디판이 작아서 뒷다리 넓적다리마디와 배마디밑판을 거의 가리지 않는다.
   ·· 4
   뒷다리 밑마디판이 커서 뒷다리 넓적다리마디와 첫째 배마디밑판을 대부분 가린다.
   ··· **물진드기과(Haliplidae)**

4. 뒷다리 밑마디 돌기는 사각형이고, 뒷가슴배판 구석은 둥글며,
   앞다리 종아리마디의 앞부분에 긴 가시가 있다. ············ **자색물방개과(Noteridae)**
   뒷다리 밑마디 돌기는 둥글고, 뒷가슴배판 구석은 뾰족하며,
   앞다리 종아리마디에 긴 가시가 없다. ························· **물방개과(Dytiscidae)**

5. 더듬이는 곤봉 모양이다. ·· 6
   더듬이는 곤봉 모양이 아니다. ··· 9

6. 앞가슴등판에 세로 홈이 없다. ··· 7
   앞가슴등판에 구불구불한 세로 홈이 5개 있다. ········ **투구물땡땡이과(Helophoridae)**

7. 앞가슴등판 가운데에 홈이 없다. ··· 8
   앞가슴등판 가운데에 다각형 홈이 3개 있다. ············· **곰보물땡땡이과(Hydrochidae)**

8. 더듬이의 끝 세 마디가 곤봉 모양이다. ···················· **물땡땡이과(Hydrophilidae)**
   더듬이의 끝 다섯 마디가 곤봉 모양이다. ··············· **호리가슴땡땡이과(Hydraenidae)**

9. 몸은 타원형이고 배면이 납작하다. ·· 10
   몸은 원통형이다. ·· 11

10. 더듬이는 짧고 반원형이며, 둘째 더듬이마디는 매우 큰 삼각형이다.
    ··· **여울벌레붙이과(Dryopidae)**
    더듬이는 길고 실 모양이며, 둘째 더듬이마디는 원통형이다.
    ··· **여울벌레과(Elmidae)**

11. 앞다리 종아리마디에 큰 가시가 없다. ·· 12
    앞다리 종아리마디에 큰 가시가 여러 개 있다. ················ **진흙벌레과(Heteroceridae)**

12. 딱지날개의 1/2 부분이 가장 넓다. ·································· **알꽃벼룩과(Scirtidae)**
    딱지날개의 2/3 부분이 가장 넓다. ································ **물삿갓벌레(Psephenidae)**

수록 종 목록

* 곰보물땡땡이과는 자료가 부족해 싣지 못했다.

	딱정벌레목	Order Coleoptera
	물방개과	Family Dytiscidae Leach, 1815
1	땅콩물방개	*Agabus japonicus* Sharp, 1873
2	큰땅콩물방개	*Agabus regimbarti* Zaitzev, 1906
3	모래무지물방개	*Ilybius apicalis* Sharp, 1873
4	노랑테콩알물방개	*Platambus fimbriatus* Sharp, 1884
5	산수콩알물방개	*Platambus ussuriensis* (Nilsson, 1996)
6	애기물방개	*Rhantus suturalis* (Macleay, 1825)
7	제주애기물방개	*Rhantus yessoensis* Sharp, 1891
8	섬등줄물방개	*Copelatus japonicus* Sharp, 1884
9	애등줄물방개	*Copelatus weymarni* Balfour-Browne, 1947
10	물방개	*Cybister chinensis* Motschulsky, 1854
11	동쪽애물방개	*Cybister lewisianus* Sharp, 1873
12	검정물방개	*Cybister brevis* Aubé, 1838
13	아담스물방개	*Graphoderus adamsii* (Clark, 1864)
14	호랑물방개	*Sandracottus mixtus* (Blanchard, 1843)
15	배물방개붙이	*Dytiscus marginalis czerskii* Zaitzev, 1953
16	잿빛물방개	*Eretes griseus* (Fabricius, 1781)
17	줄무늬물방개	*Hydaticus bowringii* Clark, 1864
18	큰알락물방개	*Hydaticus conspersus* Régimbart, 1899
19	꼬마줄물방개	*Hydaticus grammicus* (Germar, 1827)
20	큰꼬마물방개	*Hydroglyphus geminus* (Fabricius, 1792)
21	꼬마물방개	*Hydroglyphus japonicus* (Sharp, 1873)
22	혹외줄물방개	*Nebrioporus hostilis* (Sharp, 1884)
23	노랑무늬물방개	*Oreodytes natrix* (Sharp, 1884)
24	점톨물방개	*Hydrovatus subtilis* Sharp, 1882

	딱정벌레목	Order Coleoptera
25	가는줄물방개	*Hygrotus chinensis* Sharp, 1882
26	콩돌물방개	*Allopachria flavomaculata* (Kamiya, 1938)
27	알물방개	*Hyphydrus japonicus* Sharp, 1873
28	깨알물방개	*Laccophilus difficilis* Sharp, 1873
	물맴이과	**Family Gyrinidae Latreille, 1810**
29	왕물맴이	*Dineutus orientalis* (Modeer, 1776)
30	물맴이	*Gyrinus japonicus* Sharp, 1873
31	긴꼬리물맴이	*Orectochilus villosus* (Muller, 1776)
	물진드기과	**Family Haliplidae Aubé, 1836**
32	알락물진드기	*Haliplus simplex* Clark, 1863
33	극동물진드기	*Haliplus basinotatus* Zimmermann, 1924
34	큰물진드기	*Haliplus eximius* Clark, 1863
35	샤아프물진드기	*Haliplus sharpi* Wehncke, 1880
36	물진드기	*Peltodytes intermedius* (Sharp, 1873)
37	중국물진드기	*Peltodytes sinensis* (Hope, 1845)
	자색물방개과	**Family Noteridae C.G. Thomson, 1860**
38	노랑띠물방개	*Canthydrus politus* (Sharp, 1873)
39	자색물방개	*Noterus japonicus* Sharp, 1873
	알꽃벼룩과	**Family Scirtidae Fleming, 1821**
40	알꽃벼룩	*Scirtes japonicus* (Kiesenwetter, 1874)
41	알꽃벼룩사촌	*Scirtes sobrinus* Lewis, 1895
	투구물땡땡이과	**Family Helophoridae Leach, 1815**
42	투구물땡땡이	*Helophorus auriculatus* Sharp, 1884
	물땡땡이과	**Family Hydrophilidae Latreille, 1802**
43	좀물땡땡이	*Helochares nipponicus* Hebauer, 1995

	딱정벌레목	Order Coleoptera
44	샘물땡땡이	*Crenitis apicalis* (Reitter, 1896)
45	애넓적물땡땡이	*Enochrus simulans* (Sharp, 1873)
46	꼬마넓적물땡땡이	*Enochrus esuriens* (Walker, 1858)
47	새가슴물땡땡이	*Berosus japonicus* Sharp, 1873
48	뒷가시물땡땡이	*Berosus lewisius* Sharp, 1873
49	콩알물땡땡이	*Regimbartia attenuata* (Fabricius, 1801)
50	알물땡땡이	*Amphiops mater* Sharp, 1873
51	잔물땡땡이	*Hydrochara affinis* (Sharp, 1873)
52	물땡땡이	*Hydrophilus acuminatus* Motschulsky, 1854
53	애물땡땡이	*Sternolophus rufipes* (Fabricius, 1792)
54	두점물땡땡이	*Laccobius binotatus* d'Orchymont, 1934
55	가는점물땡땡이	*Laccobius formosus* Gentli, 1979
56	무늬점물땡땡이	*Laccobius oscillans* Sharp, 1884
57	등볼록물땡땡이	*Coelostoma stultum* (Walker, 1858)
	호리가슴땡땡이과	**Family Hydraenidae Mulsant, 1844**
58	참호리가슴땡땡이	*Hydraena puetzi* Jäch, 1994
59	잔잘록호리가슴땡땡이	*Ochthebius satoi* Nakane, 1965
	여울벌레과	**Family Elmidae Curtis, 1830**
60	작은무늬여울벌레	*Optioservus gapyeongensis* Jung, Kamite & Bae, 2011
61	곰보긴다리여울벌레	*Stenelmis nipponica* Nomura, 1958
62	긴다리여울벌레	*Stenelmis vulgaris* Nomura, 1958
63	혹여울벌레	*Leptelmis gracilis* Sharp, 1888
64	애여울벌레	*Zaitzevia tsushimana* Nomura, 1963
65	좀여울벌레	*Zaitzeviaria obesa* Jung, Jäch & Bae, 2014

딱정벌레목	Order Coleoptera
여울벌레붙이과	Family Dryopidae Billberg, 1820
66 여울벌레붙이	*Elmomorphus brevicornis* Sharp, 1888
진흙벌레과	Family Heteroceridae MacLeay, 1825
67 일본진흙벌레	*Augyles japonicus* (Kôno, 1931)
68 얼룩진흙벌레	*Heterocerus fenestratus* Thunberg, 1784
물삿갓벌레과	Family Psephenidae Lacordaire, 1854
69 둥근물삿갓벌레	*Eubrianax ramicornis* Kiesenwetter, 1874
70 물삿갓벌레	*Mataeopsephus japonicus* (Matsumura, 1916)
71 개울물삿갓벌레	*Malacopsephenoides japonicus* (Masuda, 1935)

물방개과 Dytiscidae

땅콩물방개 *Agabus japonicus*

몸길이는 6.6~7.7mm이다. 연못이나 산지 웅덩이에 산다.

머리와 앞가슴등판은 검은색이다.

딱지날개는 갈색에서 적갈색이다.

배면은 검은색이다.

물방개과 Dytiscidae

큰땅콩물방개 *Agabus regimbarti*

몸길이는 9~11.5mm이다. 주로 연못이나 저수지에 산다.

머리와 앞가슴등판은 검은색이다.

앞가슴등판 가장자리는 황갈색이다.

딱지날개는 황갈색에서 갈색이다.

배면은 검은색이다.

물방개과 Dytiscidae

모래무지물방개 *Ilybius apicalis*

몸길이는 8~9.5mm이다. 주로 연못이나 저수지에 산다.

- 머리는 적갈색이다.
- 앞가슴등판은 검고, 가장자리가 연한 갈색이다.
- 배면은 적갈색이다.
- 딱지날개는 검은색이고, 가장자리에 노란 무늬가 있다.
- 딱지날개 뒤쪽에 구불구불한 무늬가 있다.

물방개과 Dytiscidae

노랑테콩알물방개 *Platambus fimbriatus*

몸길이는 8~9.5mm이다. 주로 하천 중상류에 산다.

머리는 갈색이다.

앞가슴등판은 갈색이고 가장자리에 노란 무늬가 있다.

딱지날개는 검고 앞쪽과 옆쪽에 굵고 노란 무늬가 있다.

배면은 적갈색이다.

물방개과 Dytiscidae

산수콩알물방개 *Platambus ussuriensis*

몸길이는 6.5~7.5mm이다. 주로 산지 웅덩이에 산다.

머리와 앞가슴등판은 검은색이다.

딱지날개는 검은색이고 옆쪽과 뒤쪽에 황갈색 점무늬가 있다.

배면은 검은색이다.

물방개과 Dytiscidae

애기물방개 *Rhantus suturalis*

몸길이는 11~12.5mm이다. 연못이나 저수지에 매우 흔하다.

머리는 황색이고 눈 주변에 검은 무늬가 있다.

앞가슴등판은 황색이고 가운데에 검은 무늬가 있다.

딱지날개는 황색이며 검은 점이 매우 많다.

딱지날개에서 가운데 부분이 가장 넓다.

배면은 검은색이다.

물방개과 Dytiscidae

제주애기물방개 *Rhantus yessoensis*

몸길이는 13~15mm이다. 주로 제주도의 웅덩이나 연못에 산다.

머리는 황색이고, 눈 주변에 검은 무늬가 있다.

앞가슴등판은 황색이고 가운데에 둥글고 검은 무늬가 있다.

딱지날개에 검은 점이 매우 많다.

딱지날개에서 2/3 지점이 가장 넓다.

배면은 검은색이다.

물방개과 Dytiscidae

섬등줄물방개 *Copelatus japonicus*

몸길이는 5.5~6mm이다. 주로 연못이나 저수지에 산다.

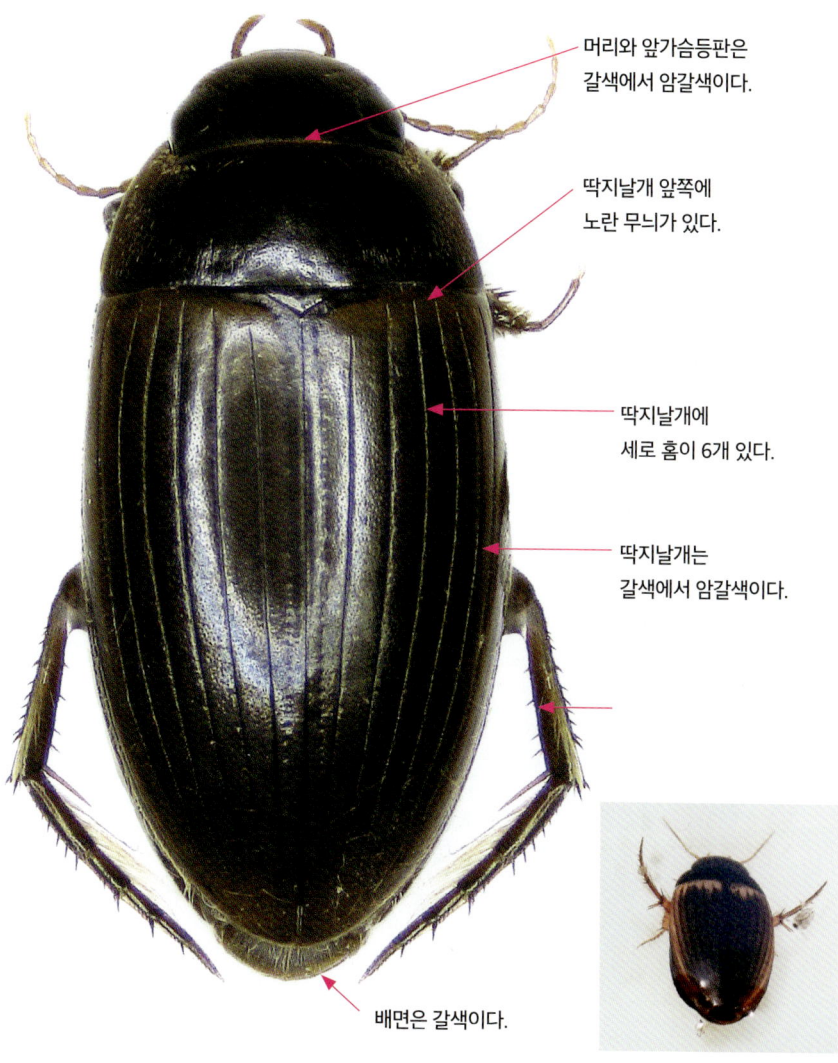

머리와 앞가슴등판은 갈색에서 암갈색이다.

딱지날개 앞쪽에 노란 무늬가 있다.

딱지날개에 세로 홈이 6개 있다.

딱지날개는 갈색에서 암갈색이다.

배면은 갈색이다.

물방개과 Dytiscidae

애등줄물방개 *Copelatus weymarni*

몸길이는 5~6mm이다. 주로 웅덩이나 연못에 산다.

- 머리와 앞가슴등판은 암갈색에서 검은색이다.
- 딱지날개 앞쪽에 노란 무늬가 없다.
- 딱지날개에는 세로 홈이 6개 있다.
- 딱지날개는 검은색이다.
- 배면은 갈색이다.

물방개과 Dytiscidae

물방개 *Cybister chinensis*

몸길이는 35~45mm이다. 주로 웅덩이나 연못에 산다. 멸종위기 야생생물 II급이다.

딱지날개 가장자리는 노란색이다.

딱지날개 윗옆판은 검은색이다.

등면은 암갈색에서 암녹색이다.

배면은 노란색에서 갈색이다.

물방개과 Dytiscidae

동쪽애물방개 *Cybister lewisianus*

몸길이는 21~26mm이다. 주로 웅덩이나 연못에 산다.

딱지날개 가장자리는 노란색이다.

딱지날개 윗옆판은 노란색이다.

등면은 암녹색이다.

배면은 황갈색에서 암갈색이다.

물방개과 Dytiscidae

검정물방개 *Cybister brevis*

몸길이는 20~25mm이다. 주로 연못이나 저수지에 산다.

← 등면은 검은색이다.

← 딱지날개 가장자리가 노랗지 않다.

딱지날개 뒤쪽에 황갈색 무늬가 있다.

물방개과 Dytiscidae

아담스물방개 *Graphoderus adamsii*

몸길이는 10~15mm이다. 주로 연못이나 저수지에 산다.

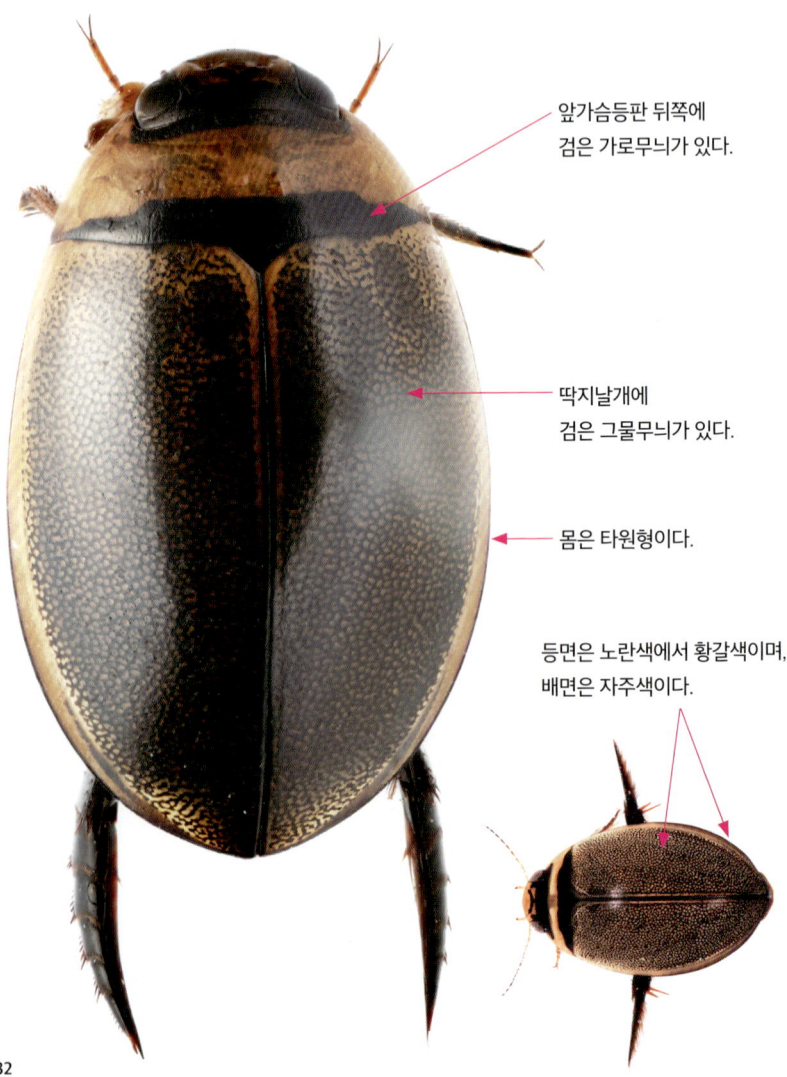

앞가슴등판 뒤쪽에 검은 가로무늬가 있다.

딱지날개에 검은 그물무늬가 있다.

몸은 타원형이다.

등면은 노란색에서 황갈색이며, 배면은 자주색이다.

물방개과 Dytiscidae

호랑물방개 *Sandracottus mixtus*

몸길이는 13~15mm이다. 주로 제주도의 하천 웅덩이에 산다.

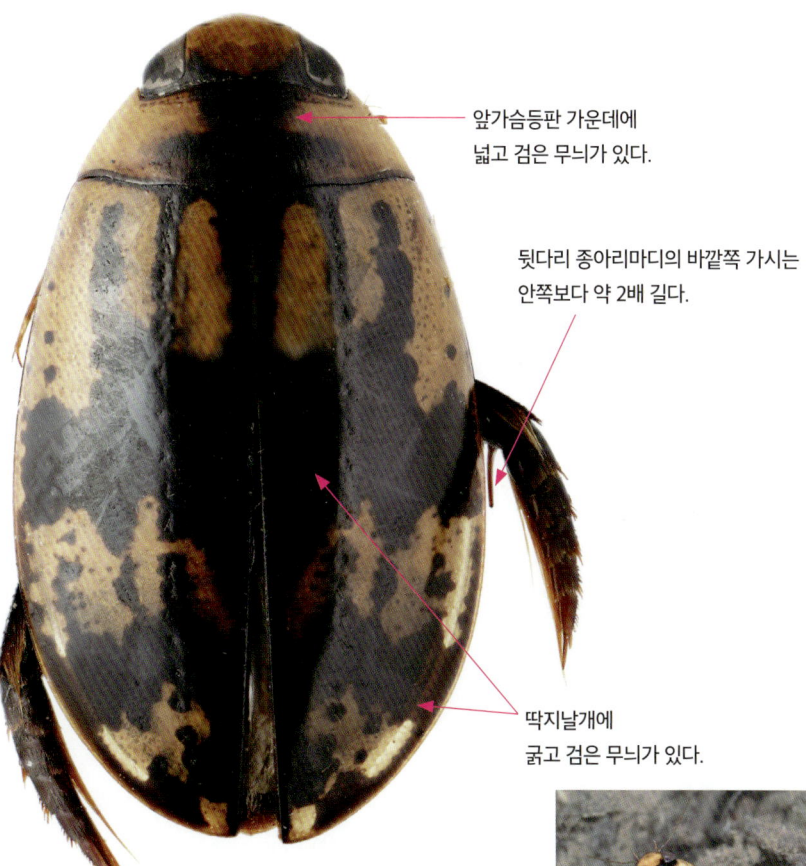

앞가슴등판 가운데에 넓고 검은 무늬가 있다.

뒷다리 종아리마디의 바깥쪽 가시는 안쪽보다 약 2배 길다.

딱지날개에 굵고 검은 무늬가 있다.

등은 노란색이 두드러지며, 배면은 갈색이다.

물방개과 Dytiscidae

배물방개붙이 *Dytiscus marginalis czerskii*

몸길이는 30~35mm이다. 강원도 북부의 산지 웅덩이나 연못에 산다.

머리와 앞가슴등판은 검은색이지만 경계선에 노란 무늬가 있어 구분된다.

앞가슴등판 가장자리가 노랗다.

딱지날개는 검은색이고 가장자리는 노랗다.

배면은 황갈색에서 암갈색이다.

물방개과 Dytiscidae

잿빛물방개 *Eretes griseus*

몸길이는 10~16mm이다. 주로 웅덩이와 연못에 산다.

머리는 황갈색이고, 뒤쪽에 검은 무늬가 있다.

앞가슴등판은 황갈색이고, 가운데에 검은 무늬가 있다.

딱지날개에 검은 점무늬가 많다.

딱지날개 가장자리가 톱니 모양이다.

끝이 뾰족하게 튀어나왔다.

배면은 적갈색이다.

물방개과 Dytiscidae

줄무늬물방개 *Hydaticus bowringii*

몸길이는 12~14mm이다. 주로 연못과 저수지에 산다.

머리 앞쪽과 앞가슴등판 옆쪽에 노란 무늬가 있다.

딱지날개 앞쪽에 노란 무늬가 있다.

딱지날개 옆쪽에 노란 줄무늬가 있다.

배면은 적갈색이다.

물방개과 Dytiscidae

큰알락물방개 *Hydaticus conspersus*

몸길이는 13~15mm이다. 주로 제주도의 웅덩이와 연못에 산다.

머리와 앞가슴등판은 황갈색에서 갈색이다.

딱지날개 앞쪽과 옆쪽에 각기 다른 노란 무늬가 있다.

배면은 갈색에서 암갈색이다.

물방개과 Dytiscidae

꼬마줄물방개 *Hydaticus grammicus*

몸길이는 8~11mm이다. 웅덩이, 연못, 저수지에 매우 흔하다.

머리는 노란색에서 황갈색이며 뒤쪽에 검은 가로줄무늬가 있다.

앞가슴등판은 노란색에서 황갈색이다.

딱지날개에 검은 점으로 이루어진 세로줄무늬가 있다.

배면은 황갈색이다.

물방개과 Dytiscidae

큰꼬마물방개 *Hydroglyphus geminus*

몸길이는 1.8~2.2mm이다. 주로 연못이나 저수지에 산다.

- 머리 뒤쪽과 눈 주변은 검은색이다.
- 앞가슴등판은 노란색에서 황갈색이다.
- 딱지날개에 검은 세로줄무늬가 없다.
- 딱지날개 가운데에 긴 세로줄무늬가 있다.
- 딱지날개 뒤쪽에 넓고 검은 무늬가 있다.
- 배면은 암갈색이다.

물방개과 Dytiscidae

꼬마물방개 *Hydroglyphus japonicus*

몸길이는 1.8~2mm이다. 웅덩이, 연못, 저수지에 매우 흔하다.

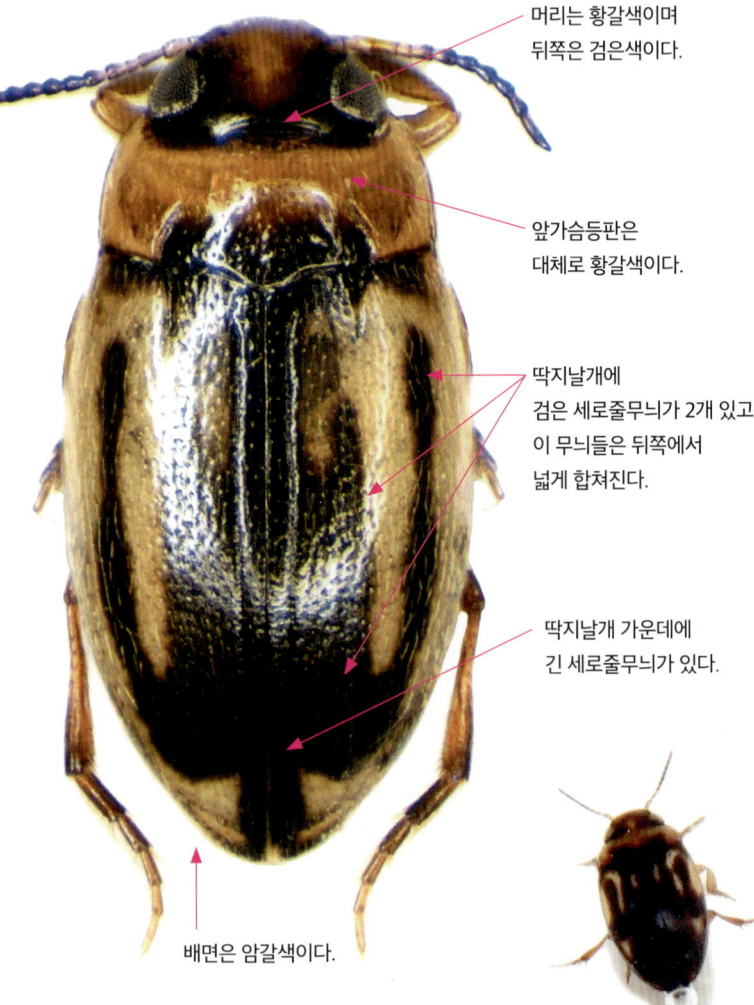

머리는 황갈색이며 뒤쪽은 검은색이다.

앞가슴등판은 대체로 황갈색이다.

딱지날개에 검은 세로줄무늬가 2개 있고, 이 무늬들은 뒤쪽에서 넓게 합쳐진다.

딱지날개 가운데에 긴 세로줄무늬가 있다.

배면은 암갈색이다.

물방개과 Dytiscidae

혹외줄물방개 *Nebrioporus hostilis*

몸길이는 4.5~4.7mm이다. 하천의 유속이 느린 곳에 산다.

머리는 황갈색이며 가장자리는 검은색이다. 머리 뒤쪽에 검은 점무늬가 있다.

앞가슴등판은 황갈색이며 뒤쪽에 검은 무늬가 있다.

딱지날개는 황갈색 바탕에 검은 무늬가 있다.

배면은 검은색이다.

딱지날개 뒤쪽에 가시 같은 돌기가 있다.

물방개과 Dytiscidae

노랑무늬물방개 *Oreodytes natrix*

몸길이는 2.5~3.5mm이다. 계곡과 하천의 유속이 느린 곳에 산다.

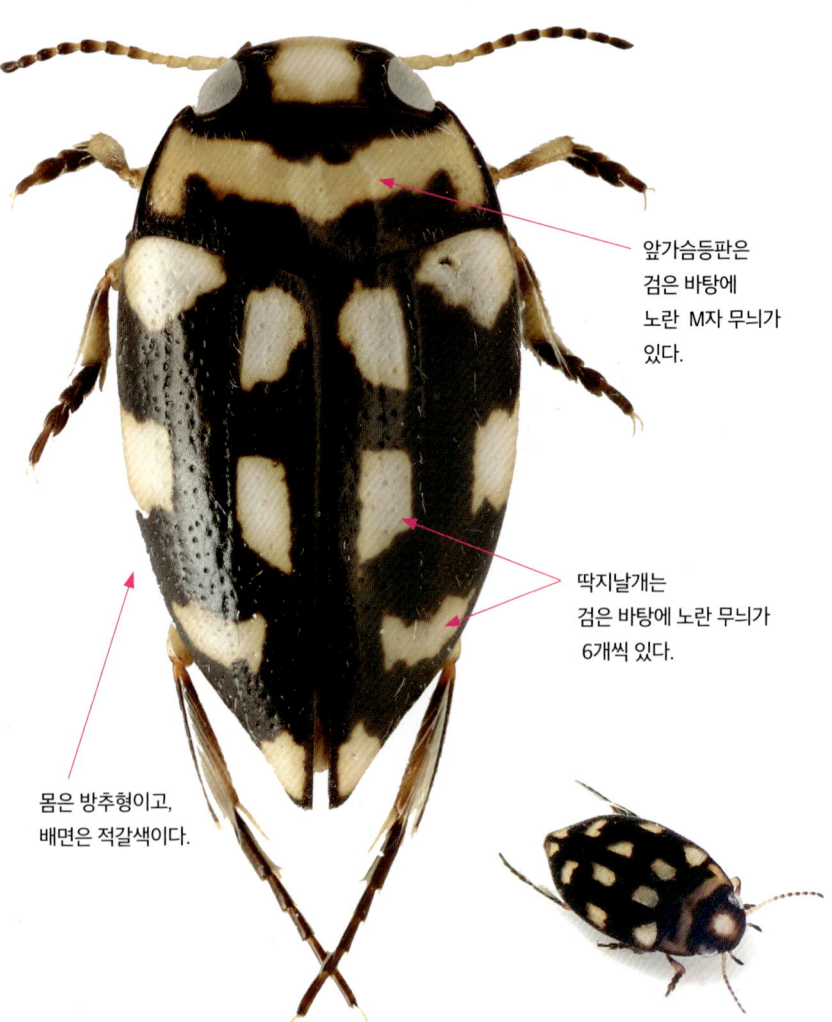

앞가슴등판은 검은 바탕에 노란 M자 무늬가 있다.

딱지날개는 검은 바탕에 노란 무늬가 6개씩 있다.

몸은 방추형이고, 배면은 적갈색이다.

물방개과 Dytiscidae

점톨물방개 *Hydrovatus subtilis*

몸길이는 2.4~2.8mm이다. 주로 웅덩이나 연못에 산다.

수컷 더듬이마디는 대부분 가로로 넓다.

머리와 앞가슴등판은 황갈색이다.

딱지날개는 갈색이다.

끝이 뾰족하다.

배면은 황갈색에서 갈색이다.

물방개과 Dytiscidae

가는줄물방개 *Hygrotus chinensis*

몸길이는 4.3~5mm이다. 주로 웅덩이나 연못에 산다.

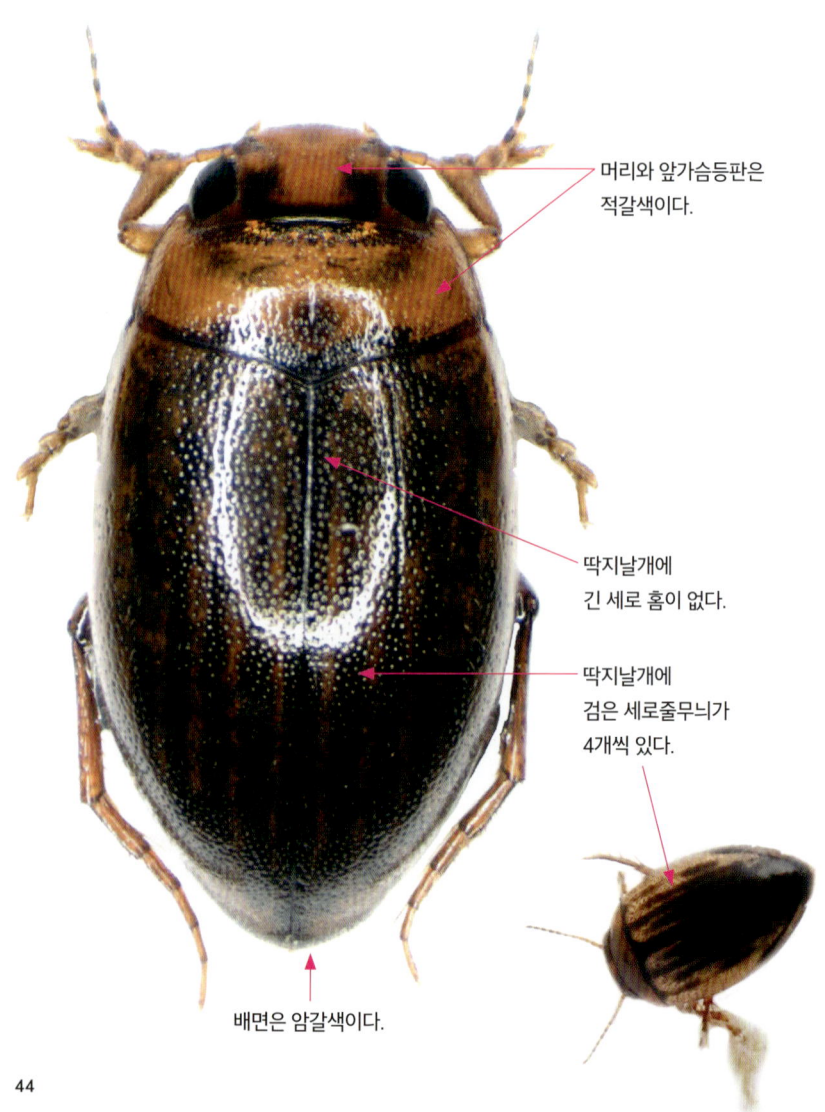

머리와 앞가슴등판은 적갈색이다.

딱지날개에 긴 세로 홈이 없다.

딱지날개에 검은 세로줄무늬가 4개씩 있다.

배면은 암갈색이다.

물방개과 Dytiscidae

콩돌물방개 *Allopachria flavomaculata*

몸길이는 2.3~2.6mm이다. 산간 계류의 유속이 매우 느린 곳에 산다.

머리는 황갈색에서 적갈색이며, 앞쪽에 가로 홈이 없다.

앞가슴등판은 검은색이다.

딱지날개는 검은 바탕에 노란 무늬가 있다.

몸은 둥글며 위아래로 볼록하고, 배면은 적갈색이다.

물방개과 Dytiscidae

알물방개 *Hyphydrus japonicus*

몸길이는 3.5~5mm이다. 주로 연못이나 저수지에 산다.

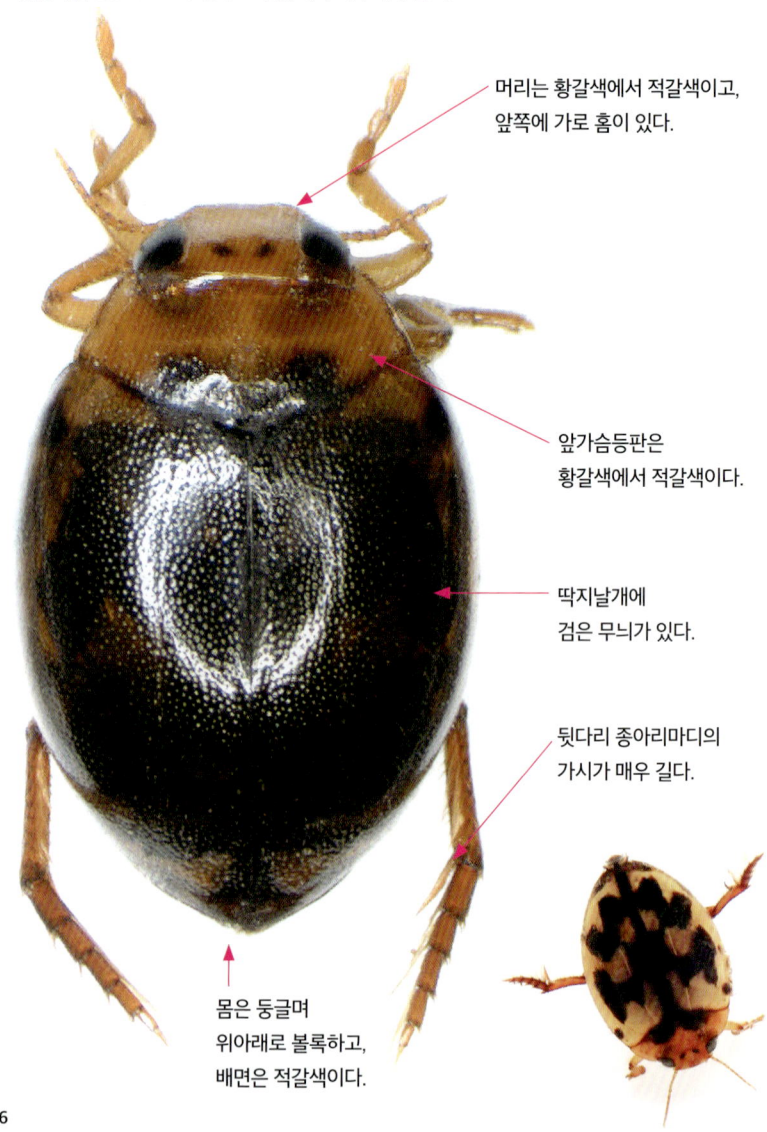

머리는 황갈색에서 적갈색이고, 앞쪽에 가로 홈이 있다.

앞가슴등판은 황갈색에서 적갈색이다.

딱지날개에 검은 무늬가 있다.

뒷다리 종아리마디의 가시가 매우 길다.

몸은 둥글며 위아래로 볼록하고, 배면은 적갈색이다.

물방개과 Dytiscidae

깨알물방개 *Laccophilus difficilis*

몸길이는 5~5.5mm이다. 주로 연못이나 저수지에 산다.

머리는 노란색에서 황갈색이며 짧고 넓다.

앞가슴등판은 노란색에서 황갈색이다.

딱지날개에 불규칙한 세로줄무늬가 있다.

몸은 방추형이고 배면은 황갈색이다.

뒷다리 발목마디는 옆부분이 확장되었고 뒤로 튀어나왔다.

물맴이과 Gyrinidae

왕물맴이 *Dineutus orientalis*

몸길이는 9~10.5mm이다. 주로 웅덩이나 연못에 산다.

앞가슴등판과 딱지날개는 암회색이며 가장자리가 노란색이다.

딱지날개에 점각렬이 없다.

딱지날개 뒷부분에 뾰족한 돌기가 2개 있다.

배면은 황갈색이다.

끝이 오목하다.

물맴이과 Gyrinidae

물맴이 *Gyrinus japonicus*

몸길이는 6.5~8.5mm이다. 주로 연못이나 저수지에 산다.

앞가슴등판은 검은색이고 가운데가 움푹하다.

딱지날개는 검은색이고 가장자리가 암갈색이다.

딱지날개에 점각렬이 있다.

배면은 검은색이다.

끝이 아주 살짝 오목하다.

물맴이과 Gyrinidae

긴꼬리물맴이 *Orectochilus villosus*

몸길이는 5.5~6.5mm이다. 주로 하천의 유속이 느려지는 곳에 산다.

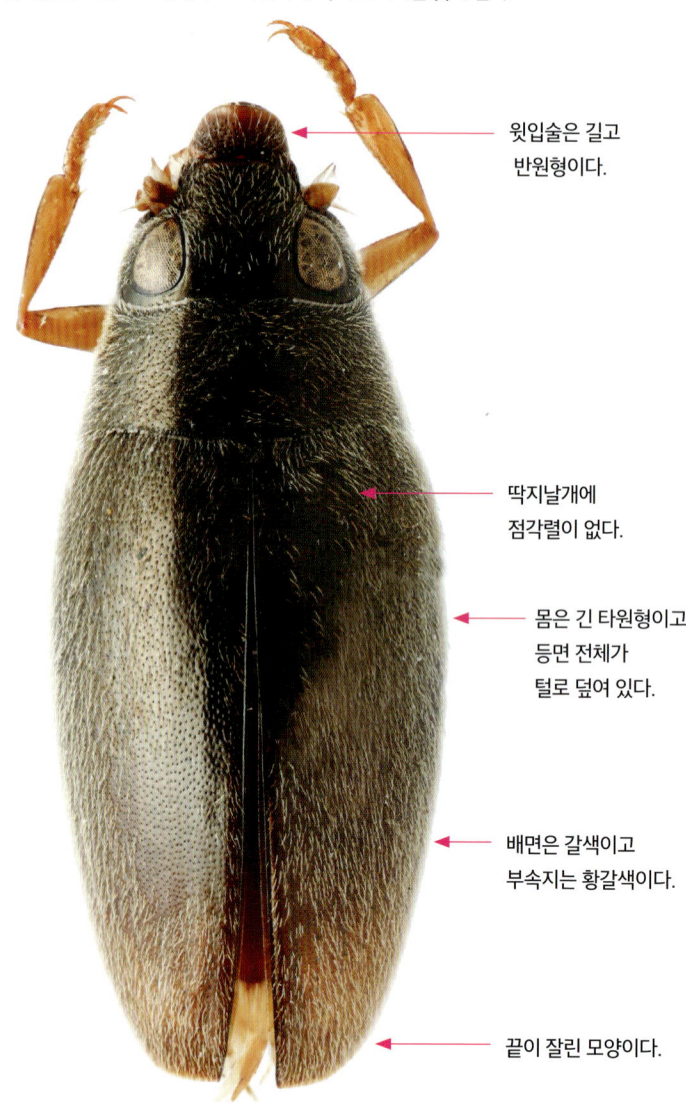

- 윗입술은 길고 반원형이다.
- 딱지날개에 점각렬이 없다.
- 몸은 긴 타원형이고 등면 전체가 털로 덮여 있다.
- 배면은 갈색이고 부속지는 황갈색이다.
- 끝이 잘린 모양이다.

물진드기과 Haliplidae

알락물진드기 *Haliplus simplex*

몸길이는 2.5~3.5mm이다. 주로 웅덩이나 연못에 산다.

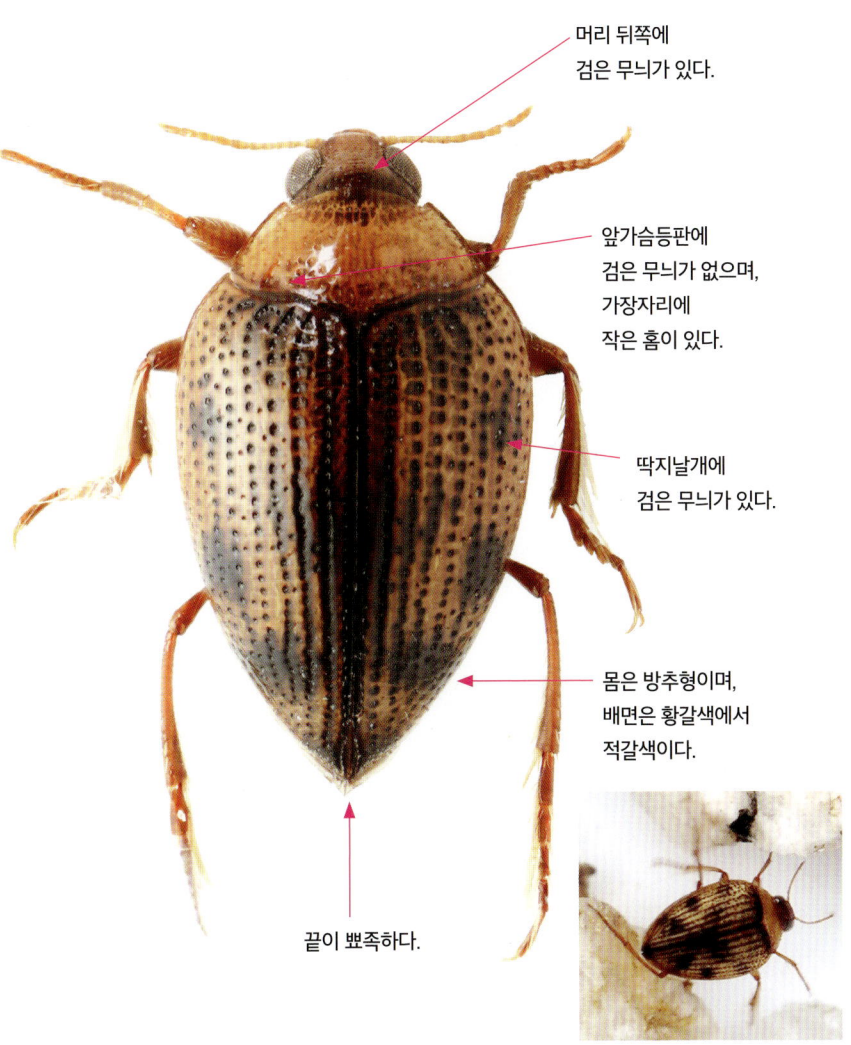

머리 뒤쪽에 검은 무늬가 있다.

앞가슴등판에 검은 무늬가 없으며, 가장자리에 작은 홈이 있다.

딱지날개에 검은 무늬가 있다.

몸은 방추형이며, 배면은 황갈색에서 적갈색이다.

끝이 뾰족하다.

물진드기과 Haliplidae

극동물진드기 *Haliplus basinotatus*

몸길이는 3.5~4mm이다. 주로 연못이나 저수지에 산다.

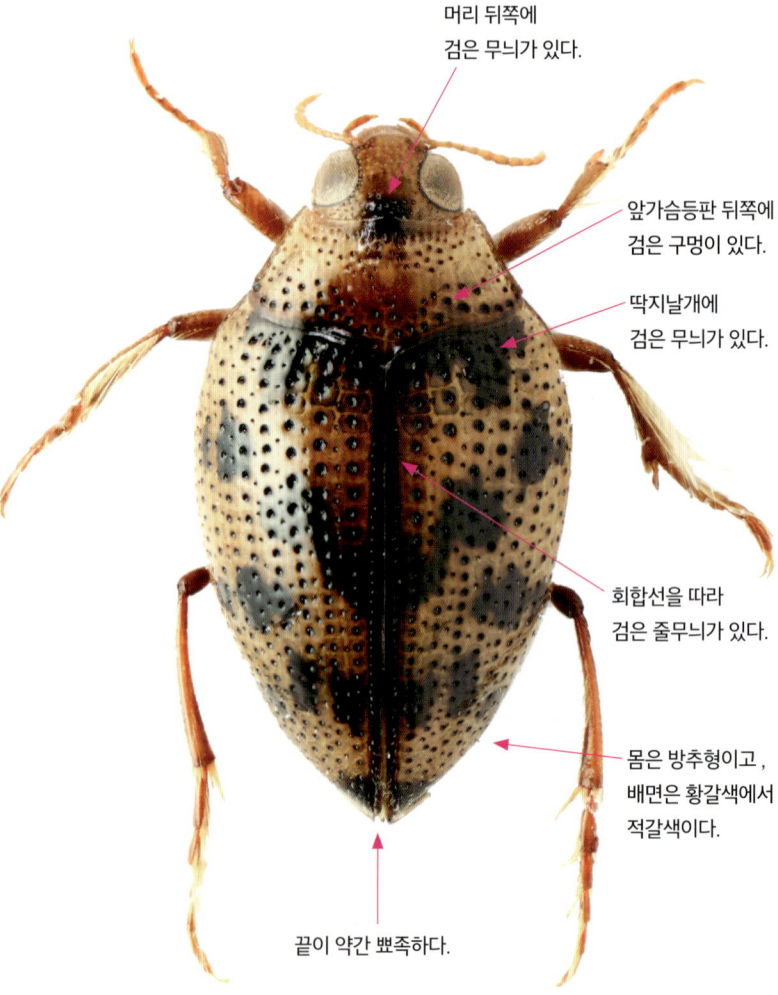

머리 뒤쪽에 검은 무늬가 있다.

앞가슴등판 뒤쪽에 검은 구멍이 있다.

딱지날개에 검은 무늬가 있다.

회합선을 따라 검은 줄무늬가 있다.

몸은 방추형이고, 배면은 황갈색에서 적갈색이다.

끝이 약간 뾰족하다.

물진드기과 Haliplidae

큰물진드기 *Haliplus eximius*

몸길이는 3.5~4mm이다. 주로 연못이나 저수지에 산다.

머리는 황갈색이며 검은 무늬가 없다.

딱지날개에는 무늬 없이 검은 구멍만 있다.

회합선 주변에 아무 무늬도 없다.

몸은 방추형이고, 배면은 황갈색에서 적갈색이다.

끝이 약간 뾰족하다.

물진드기과 Haliplidae

샤아프물진드기 *Haliplus sharpi*

몸길이는 3.5~4mm이다. 주로 연못이나 저수지에 산다.

머리는 황갈색이며 뒤쪽에 검은 무늬가 있다.

딱지날개 가운데에 넓고 검은 무늬가 있다.

회합선을 따라 굵고 검은 줄무늬가 있다.

몸은 방추형이며, 배면은 황갈색에서 적갈색이다.

끝이 약간 뾰족하다.

물진드기과 Haliplidae

물진드기 *Peltodytes intermedius*

몸길이는 3.5~4mm이다. 주로 연못이나 저수지에 산다.

머리는 황갈색이며 뒤쪽에 검은 무늬가 없다.

앞가슴등판과 딱지날개는 황갈색이며 검은 무늬가 있다.

회합선을 따라서 검은 줄무늬가 있다.

몸은 볼록하며, 배면은 황갈색에서 적갈색이다.

물진드기과 Haliplidae

중국물진드기 *Peltodytes sinensis*

몸길이는 3.5~4mm이다. 웅덩이, 저수지, 하천의 유속이 느린 곳에 흔하다.

머리는 황갈색이며 뒤쪽에 검은 점이 2개 있다.

앞가슴등판과 딱지날개는 황갈색이며 검은 무늬가 있다.

회합선을 따라서 검은 줄무늬가 있다.

몸은 볼록하며, 배면은 황갈색에서 적갈색이다.

자색물방개과 Noteridae

노랑띠물방개 *Canthydrus politus*

몸길이는 2.8~3.2mm이다. 제주도의 웅덩이나 연못에 산다.

더듬이마디가 가로로 넓지 않다.

뒷가슴배판에 센털이 빽빽하게 있다.

딱지날개는 황갈색 바탕에 검은 무늬가 있다.

등면은 볼록하며, 황갈색이다.
배면은 적갈색이다.

자색물방개과 Noteridae

자색물방개 *Noterus japonicus*

몸길이는 4~5mm이다. 연못과 저수지에 흔하다.

더듬이마디가 가로로 넓다.

뒷가슴배판에 가시가 듬성하게 있다.

딱지날개에 검은 무늬가 없다.

등면은 볼록하며 황갈색이다.
배면은 적갈색에서 갈색이다.

알꽃벼룩과 Scirtidae

알꽃벼룩 *Scirtes japonicus*

몸길이는 약 4mm이다. 습지나 연못 주변에 살고, 야간 불빛에 날아온다.

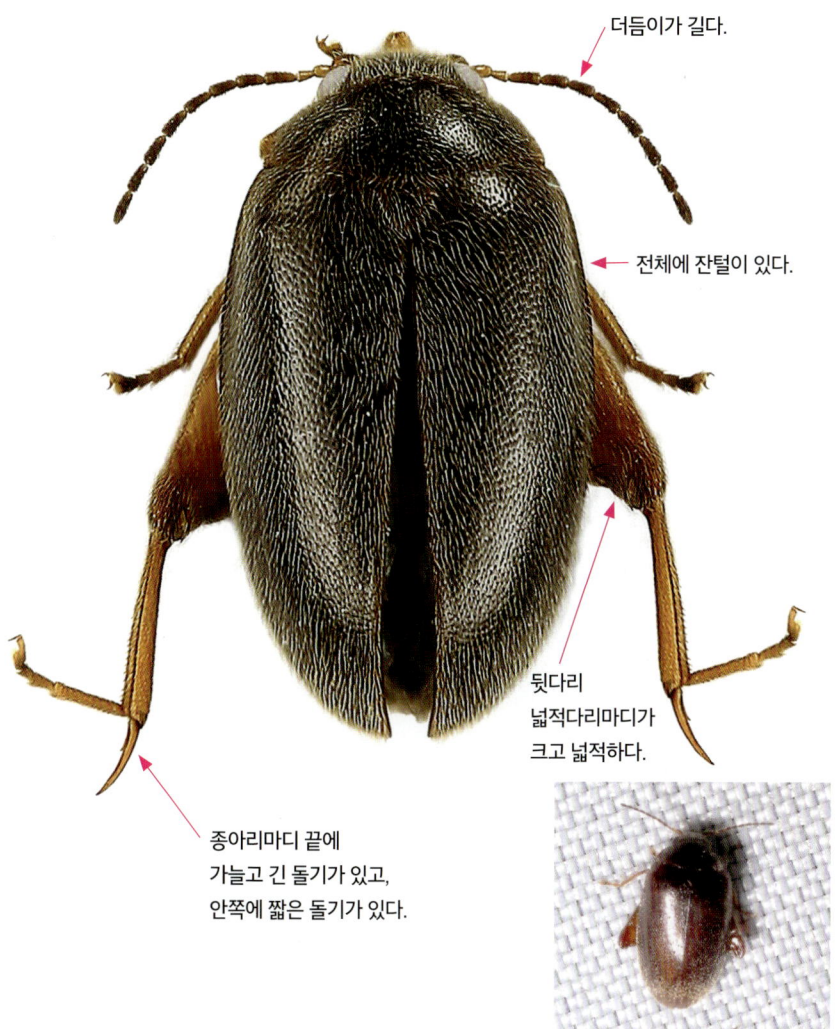

더듬이가 길다.

전체에 잔털이 있다.

뒷다리 넓적다리마디가 크고 넓적하다.

종아리마디 끝에 가늘고 긴 돌기가 있고, 안쪽에 짧은 돌기가 있다.

알꽃벼룩과 Scirtidae

알꽃벼룩사촌 *Scirtes sobrinus*

몸길이는 약 3mm이다. 저수지나 습지 주변에 살고, 야간 불빛에 날아온다.

상대적으로 더듬이가 짧다.

몸은 다소 둥글며 볼록하고, 검은색이다.

뒷다리 넓적다리마디가 크고 넓적하다.

종아리마디 뒤쪽에 가늘고 긴 돌기가 있고, 안쪽에 다소 긴 돌기가 있다.

투구물땡땡이과 Helophoridae

투구물땡땡이 *Helophorus auriculatus*

몸길이는 4.5~6mm이다. 주로 웅덩이와 저수지에 산다.

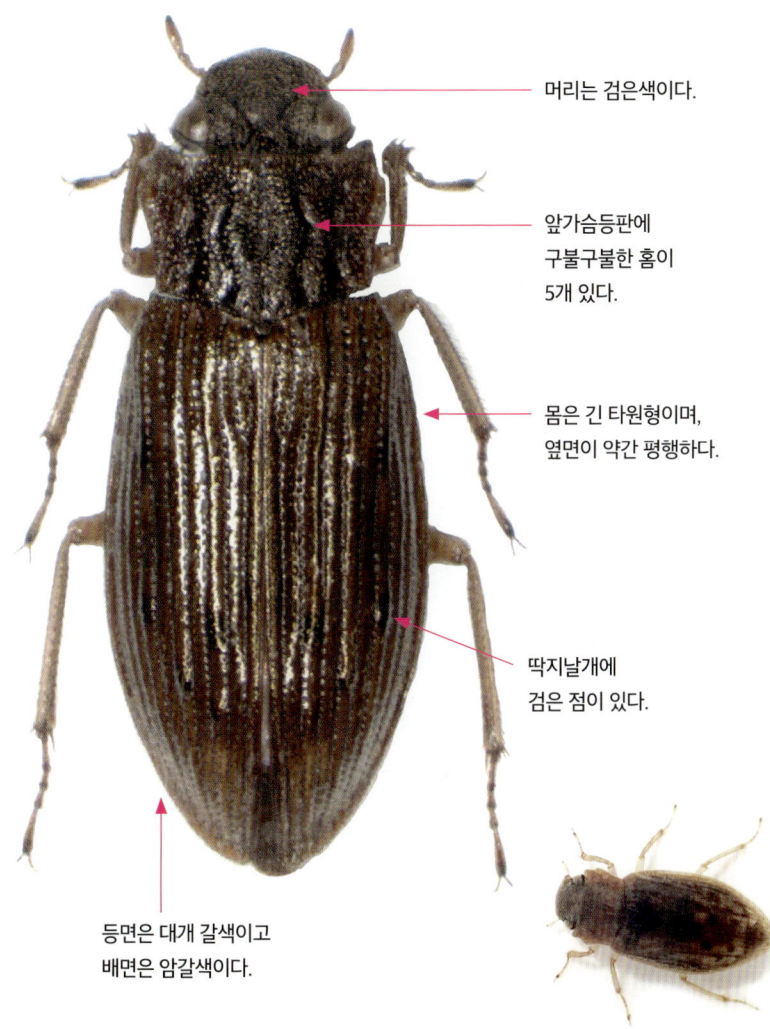

머리는 검은색이다.

앞가슴등판에 구불구불한 홈이 5개 있다.

몸은 긴 타원형이며, 옆면이 약간 평행하다.

딱지날개에 검은 점이 있다.

등면은 대개 갈색이고 배면은 암갈색이다.

물땡땡이과 Hydrophilidae

좀물땡땡이 *Helochares nipponicus*

몸길이는 4~4.5mm이다. 주로 연못이나 저수지에 산다.

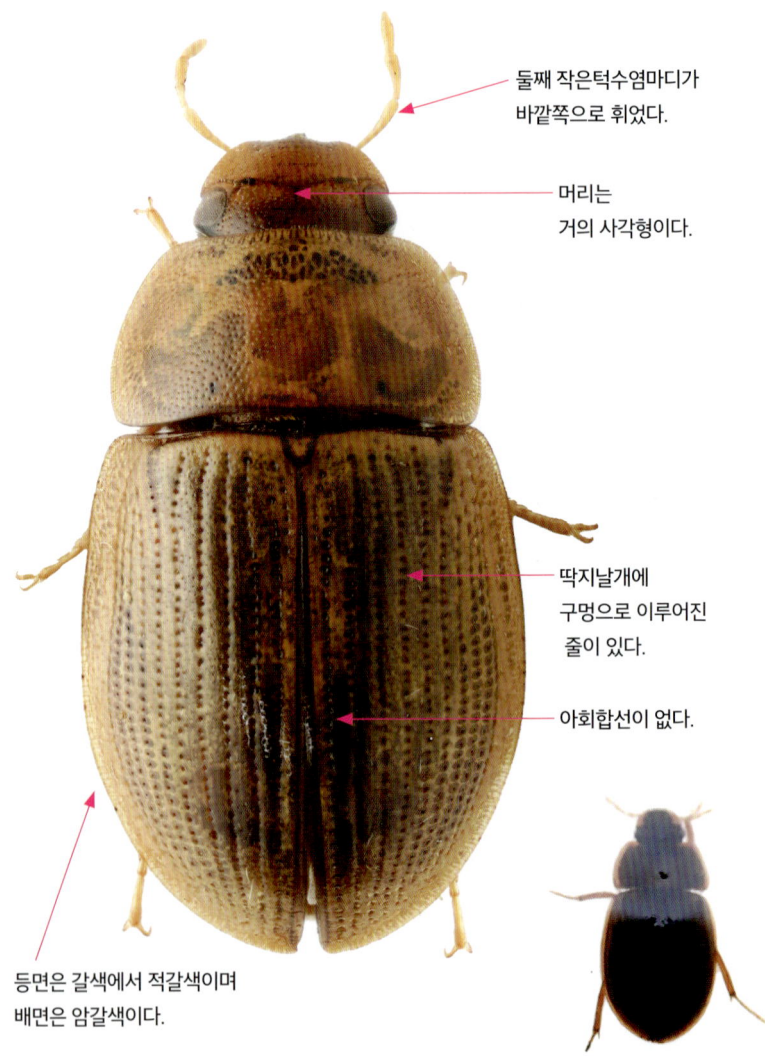

- 둘째 작은턱수염마디가 바깥쪽으로 휘었다.
- 머리는 거의 사각형이다.
- 딱지날개에 구멍으로 이루어진 줄이 있다.
- 아회합선이 없다.
- 등면은 갈색에서 적갈색이며 배면은 암갈색이다.

물땡땡이과 Hydrophilidae

샘물땡땡이 *Crenitis apicalis*

몸길이는 3~3.5mm이다. 주로 산간 계곡의 가장자리와 고산 습지에 산다.

- 작은턱수염
- 앞가슴등판 가장자리는 적갈색이다.
- 전체에 구멍이 빽빽하다.
- 아회합선이 있다.
- 등면은 검은색이고, 배면은 암갈색에서 검은색이다.
- 뒷다리밑마디의 아랫면 기부 2/3에 빽빽한 털이 있다.
- 일곱째 배마디밑판 끝이 오목하지 않다(배면).

물땡땡이과 Hydrophilidae

애넓적물땡땡이 *Enochrus simulans*

몸길이는 4.8~6mm이다. 웅덩이, 저수지, 하천의 유속이 느린 곳에 매우 흔하다.

- 둘째 작은턱수염마디가 안쪽으로 휘었다.
- 머리는 반원형이다.
- 아회합선이 있다.
- 딱지날개에 세로줄이 있다.
- 일곱째 배마디밑판 끝이 둥글다(배면).
- 등면은 황갈색에서 적갈색, 배면은 암갈색이다.

물땡땡이과 Hydrophilidae

꼬마넓적물땡땡이 *Enochrus esuriens*

몸길이는 2.4~2.8mm이다. 주로 웅덩이나 연못에 산다.

둘째 작은턱수염마디가 안쪽으로 휘었다.

머리는 반원형이다.

아회합선이 있다.

딱지날개에 구멍으로 이루어진 줄이 있다.

등면은 황갈색에서 적갈색, 배면은 암갈색이다.

일곱째 배마디밑판 끝이 오목하다(배면).

물땡땡이과 Hydrophilidae

새가슴물땡땡이 *Berosus japonicus*

몸길이는 4.5~5.5mm이다. 주로 연못이나 저수지에 산다.

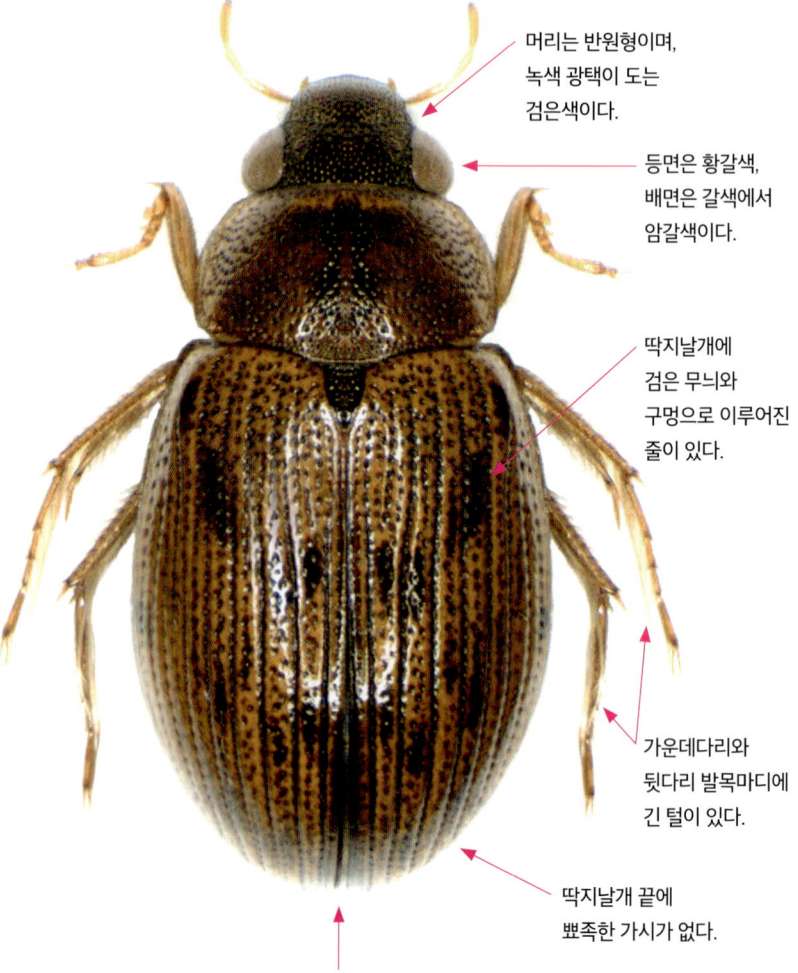

머리는 반원형이며, 녹색 광택이 도는 검은색이다.

등면은 황갈색, 배면은 갈색에서 암갈색이다.

딱지날개에 검은 무늬와 구멍으로 이루어진 줄이 있다.

가운데다리와 뒷다리 발목마디에 긴 털이 있다.

딱지날개 끝에 뾰족한 가시가 없다.

일곱째 배마디밑판 끝이 직각으로 오목하다(배면).

물땡땡이과 Hydrophilidae

뒷가시물땡땡이 *Berosus lewisius*

몸길이는 4~5.5mm이다. 주로 연못이나 저수지에 산다.

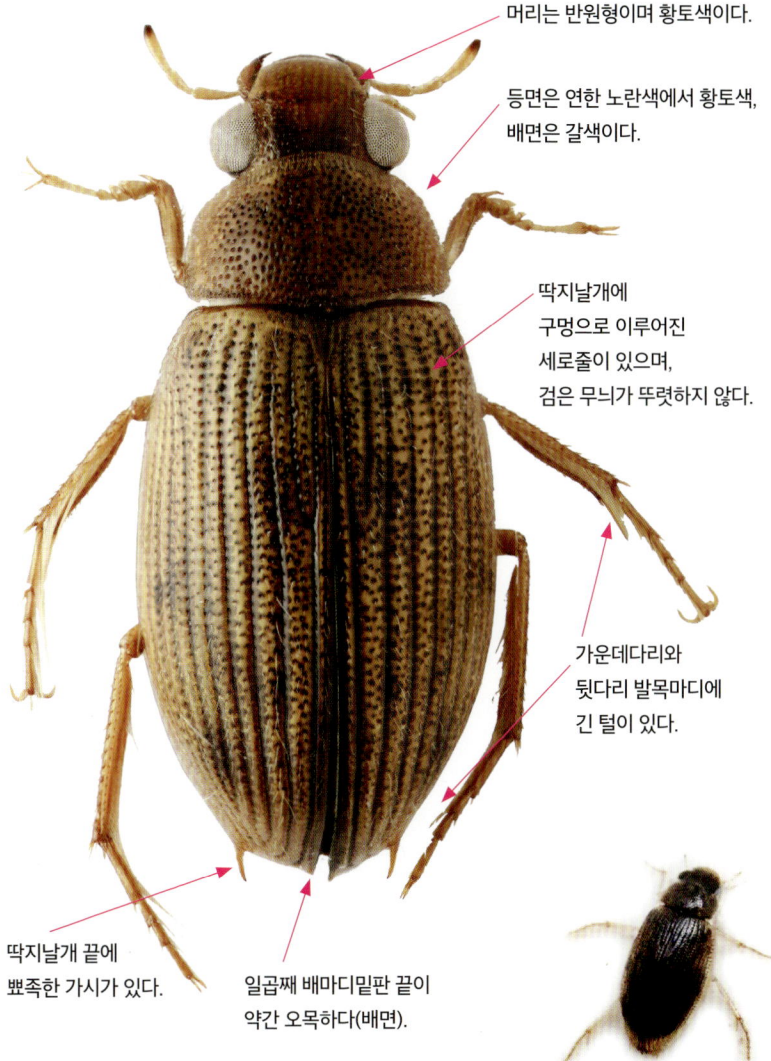

머리는 반원형이며 황토색이다.

등면은 연한 노란색에서 황토색, 배면은 갈색이다.

딱지날개에 구멍으로 이루어진 세로줄이 있으며, 검은 무늬가 뚜렷하지 않다.

가운데다리와 뒷다리 발목마디에 긴 털이 있다.

딱지날개 끝에 뾰족한 가시가 있다.

일곱째 배마디밑판 끝이 약간 오목하다(배면).

물땡땡이과 Hydrophilidae

콩알물땡땡이 *Regimbartia attenuata*

몸길이는 4~5.5mm이다. 주로 제주도의 연못이나 저수지에 산다.

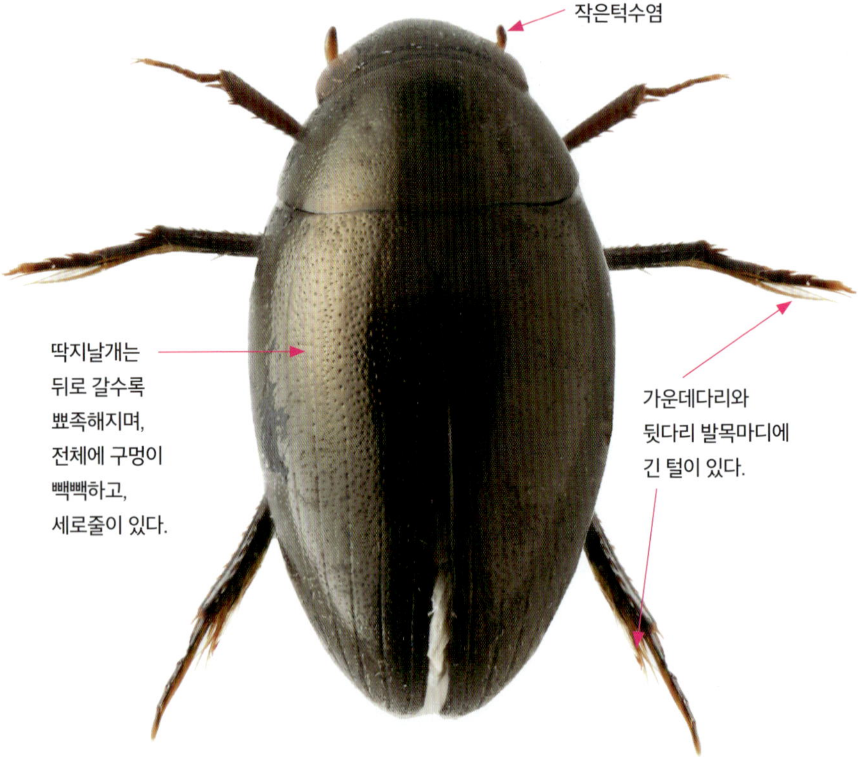

작은턱수염

딱지날개는
뒤로 갈수록
뾰족해지며,
전체에 구멍이
빽빽하고,
세로줄이 있다.

가운데다리와
뒷다리 발목마디에
긴 털이 있다.

몸은 반구형이고,
광택이 있는 검은색이다.

물땡땡이과 Hydrophilidae

알물땡땡이 *Amphiops mater*

몸길이는 3~3.5mm이다. 주로 수초가 많은 연못이나 저수지에 산다.

- 작은턱수염
- 눈은 분안돌기를 기준으로 위아래로 나뉜다.
- 앞가슴등판 가장자리가 매우 둥글다.
- 딱지날개에 구멍으로 이루어진 세로줄이 있다.
- 몸은 매우 볼록한 반구형이며, 등면은 적갈색에서 암갈색, 배면은 갈색에서 암갈색이다.

물땡땡이과 Hydrophilidae

잔물땡땡이 *Hydrochara affinis*

몸길이는 16~19mm이다. 주로 연못이나 저수지에 산다.

넷째 작은턱수염마디는 셋째 마디보다 짧다.

다리는 황갈색에서 적갈색이다.

등면은 검은색이고, 배면은 황갈색에서 적갈색이다.

물땡땡이과 Hydrophilidae

물땡땡이 *Hydrophilus acuminatus*

몸길이는 45~50mm이다. 주로 연못이나 저수지에 산다.

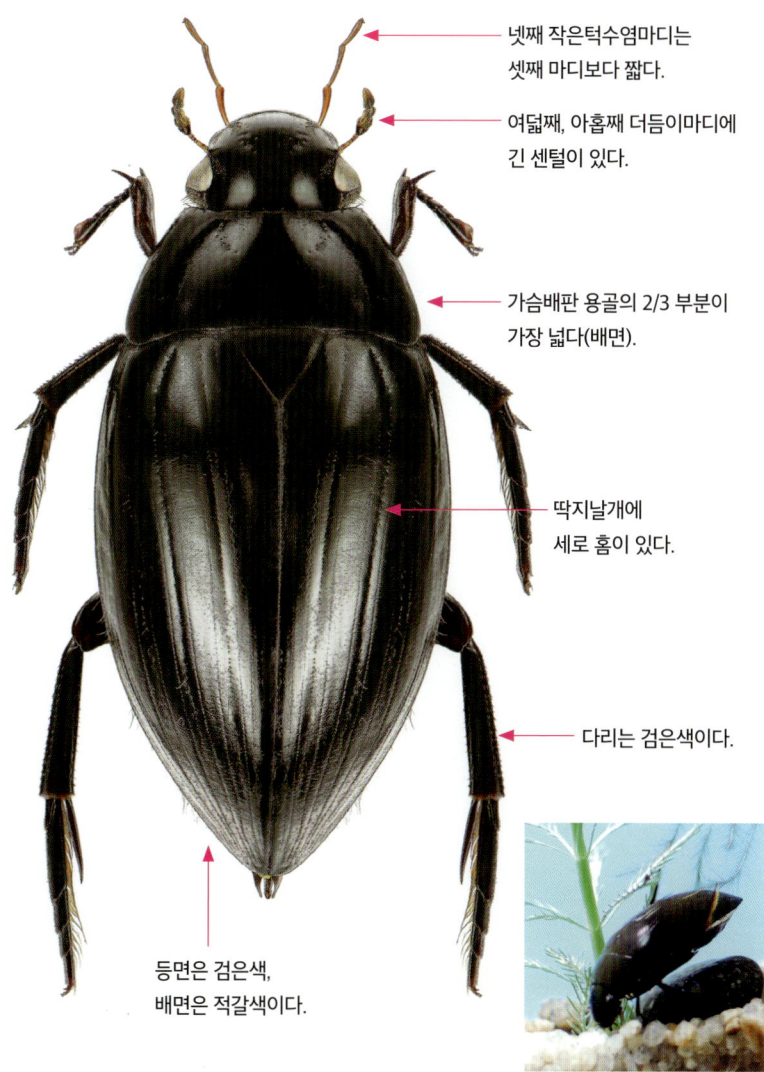

- 넷째 작은턱수염마디는 셋째 마디보다 짧다.
- 여덟째, 아홉째 더듬이마디에 긴 센털이 있다.
- 가슴배판 용골의 2/3 부분이 가장 넓다(배면).
- 딱지날개에 세로 홈이 있다.
- 다리는 검은색이다.
- 등면은 검은색, 배면은 적갈색이다.

물땡땡이과 Hydrophilidae

애물땡땡이 *Sternolophus rufipes*

몸길이는 12~13mm이다. 주로 연못이나 저수지에 산다.

- 넷째 작은턱수염마디는 셋째 마디보다 약간 길다.
- 가슴배판 용골은 양 끝이 뾰족한 일자이다(배면).
- 딱지날개에 구멍으로 이루어진 세로줄이 있다.
- 다리는 황갈색에서 적갈색이다.
- 등면은 검은색, 배면은 황갈색에서 적갈색이다.

물땡땡이과 Hydrophilidae

두점물땡땡이 *Laccobius binotatus*

몸길이는 3.5~3.8mm이다. 주로 연못이나 저수지에 산다.

머리와 앞가슴등판은 거의 검은색이다.

앞가슴등판 가장자리의 노란 부분이 넓다.

딱지날개의 구멍 크기는 거의 일정하다.

딱지날개는 연한 황갈색이고 검은 무늬가 흐릿하다.

배면은 암갈색이다.

물땡땡이과 Hydrophilidae

가는점물땡땡이 *Laccobius formosus*

몸길이는 2.4~2.8mm이다. 하천의 유속이 느린 곳에 산다.

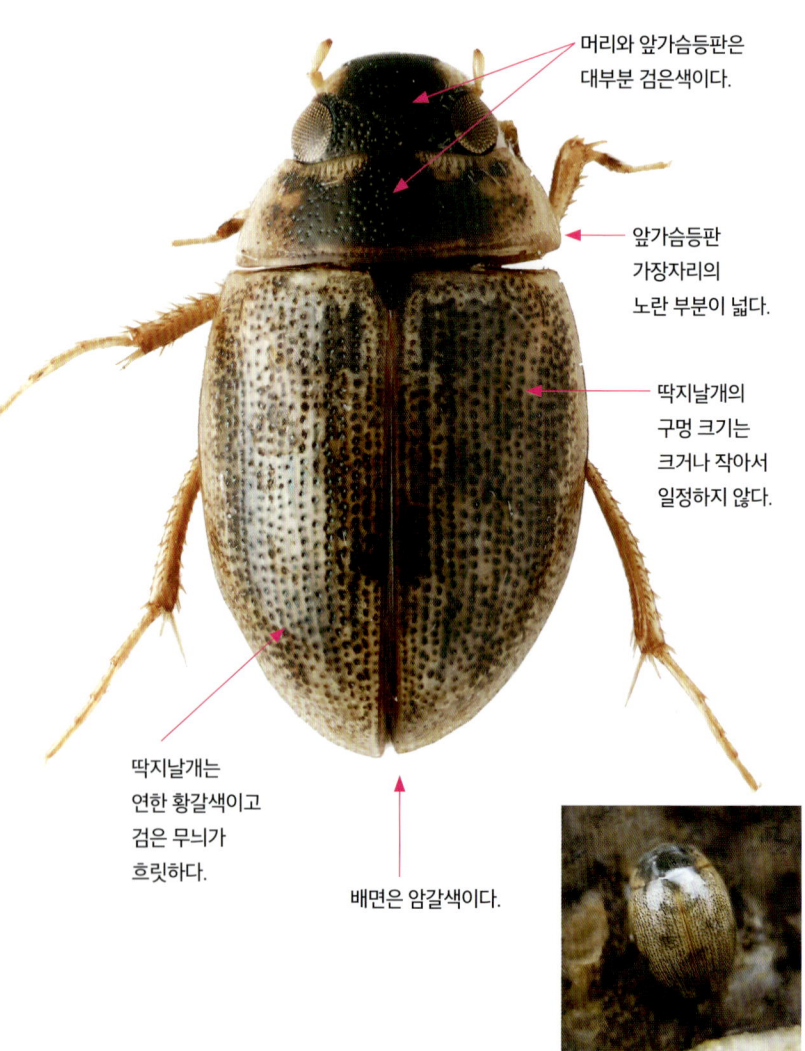

머리와 앞가슴등판은 대부분 검은색이다.

앞가슴등판 가장자리의 노란 부분이 넓다.

딱지날개의 구멍 크기는 크거나 작아서 일정하지 않다.

딱지날개는 연한 황갈색이고 검은 무늬가 흐릿하다.

배면은 암갈색이다.

물땡땡이과 Hydrophilidae

무늬점물땡땡이 *Laccobius oscillans*

몸길이는 2.4~2.8mm이다. 하천의 유속이 느린 곳에 산다.

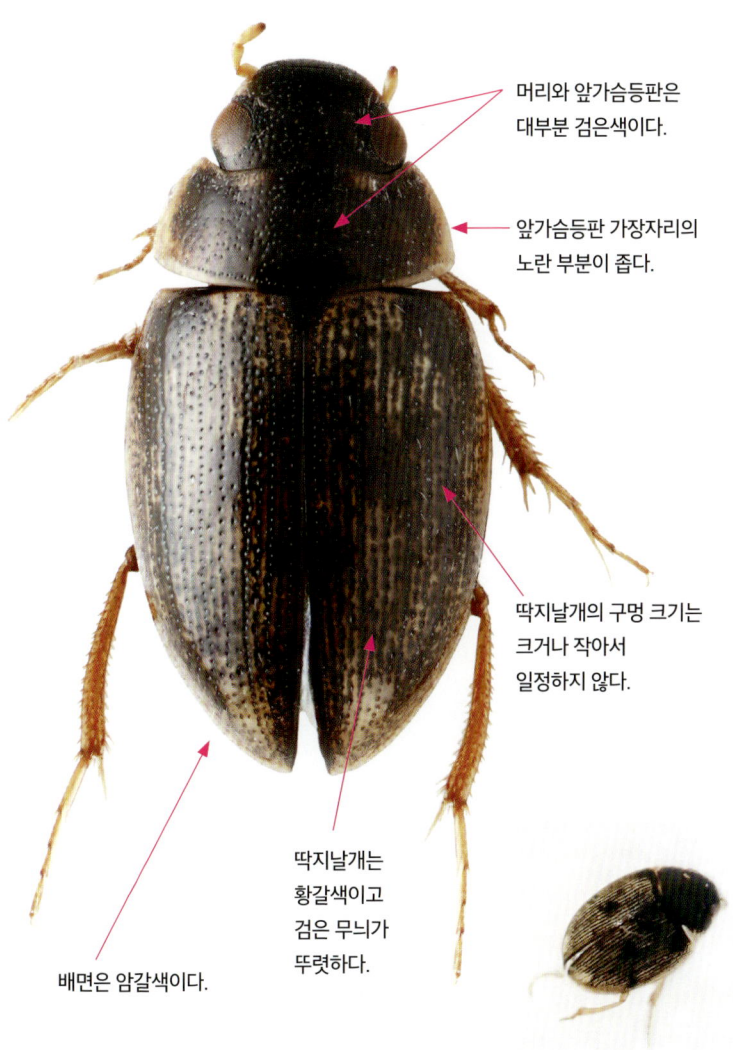

머리와 앞가슴등판은 대부분 검은색이다.

앞가슴등판 가장자리의 노란 부분이 좁다.

딱지날개의 구멍 크기는 크거나 작아서 일정하지 않다.

딱지날개는 황갈색이고 검은 무늬가 뚜렷하다.

배면은 암갈색이다.

물땡땡이과 Hydrophilidae

등볼록물땡땡이 *Coelostoma stultum*

몸길이는 3.5~4.5mm이다. 주로 웅덩이나 연못에 산다.

둘째 작은턱수염마디는 부풀어 있다.

앞가슴등판 가장자리는 적갈색이다.

딱지날개에 작은 구멍이 매우 많지만 줄을 이루지는 않는다.

아회합선이 있다.

몸은 반구형이고 매우 둥글다. 등면은 대부분 검은색이고, 배면은 암갈색에서 검은색이다.

호리가슴땡땡이과 Hydraenidae

참호리가슴땡땡이 *Hydraena puetzi*

몸길이는 2~2.3mm이다. 주로 산간 계곡 가장자리의 돌 아래에 산다.

작은턱수염이 더듬이보다 길다.

더듬이, 수염, 다리는 적갈색이다.

앞가슴등판 가운데에 홈이 없다.

딱지날개 구멍에 짧은 털이 있다.

몸은 옆면이 약간 평행하며, 대부분 갈색에서 검은색이다.

호리가슴땡땡이과 Hydraenidae

잔잘록호리가슴땡땡이 *Ochthebius satoi*

몸길이는 1.6~1.8mm이다. 주로 산간 계곡 가장자리의 돌 아래에 산다.

작은턱수염이 더듬이보다 짧다.

머리는 암갈색이다.

앞가슴등판 가운데에 홈이 여러 개 있다.

딱지날개 구멍에 약간 긴 털이 있다.

옆면은 약간 둥글다.
등면은 황갈색에서 갈색이다.

여울벌레과 Elmidae

작은무늬여울벌레 *Optioservus gapyeongensis*

몸길이는 2.5mm 정도로 작다. 산간 계곡의 깨끗한 곳에 산다.

앞가슴등판은
앞으로 심하게 굽었고,
양쪽에 홈이 있다.

딱지날개
앞쪽과 뒤쪽에
노란 무늬가
4개 있다.

다리는 길고
발톱은 갈고리 모양이다.

여울벌레과 Elmidae

곰보긴다리여울벌레 *Stenelmis nipponica*

몸길이는 약 3mm이다. 여울벌레과 중에서 가장 흔하며, 주로 하천의 중하류 여울 지역에 산다. 야간 불빛에 날아온다.

앞가슴등판 가장자리는 위로 갈수록 좁아진다.

앞가슴등판은 사각형으로 가운데에 깊고 긴 홈이 있다.

딱지날개에 점각이 많다.

몸은 전체적으로 흙색이며, 광택이 없다.

여울벌레과 Elmidae

긴다리여울벌레 *Stenelmis vulgaris*

몸길이는 약 3.7mm이다. 주로 하천의 수초 뿌리에 살며, 야간 불빛에 날아온다.

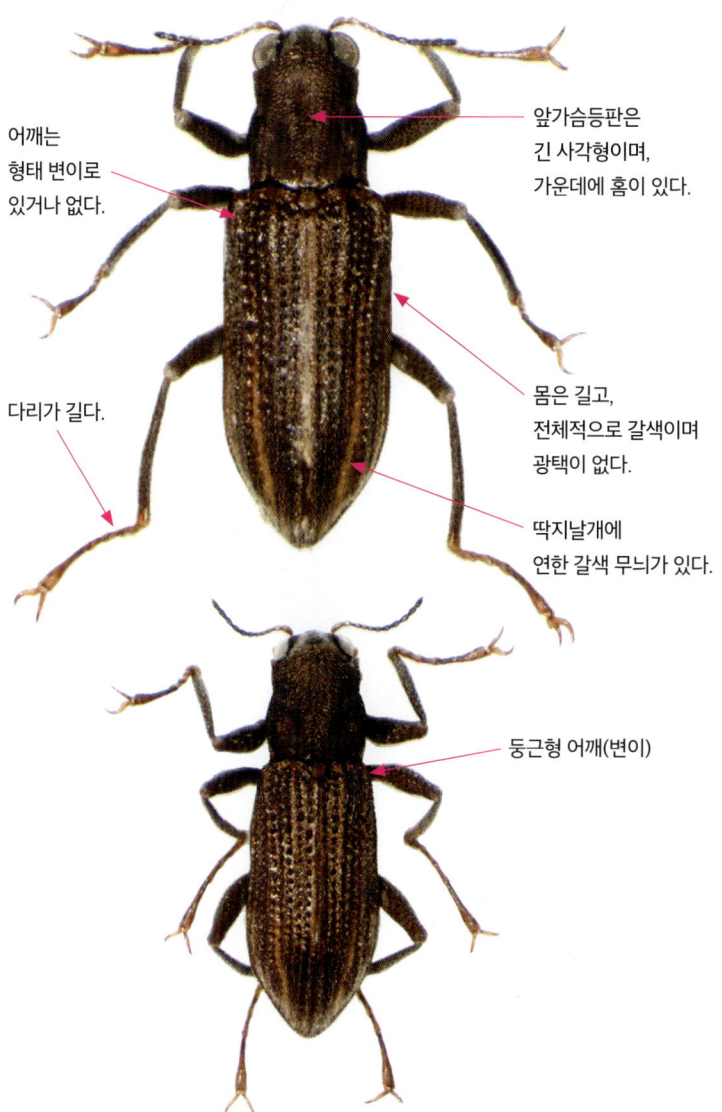

어깨는 형태 변이로 있거나 없다.

앞가슴등판은 긴 사각형이며, 가운데에 홈이 있다.

다리가 길다.

몸은 길고, 전체적으로 갈색이며 광택이 없다.

딱지날개에 연한 갈색 무늬가 있다.

둥근형 어깨(변이)

여울벌레과 Elmidae

혹여울벌레 *Leptelmis gracilis*

몸길이는 약 3mm이다. 주로 하천의 중류 여울 지역에 살며, 야간 불빛에 날아온다.

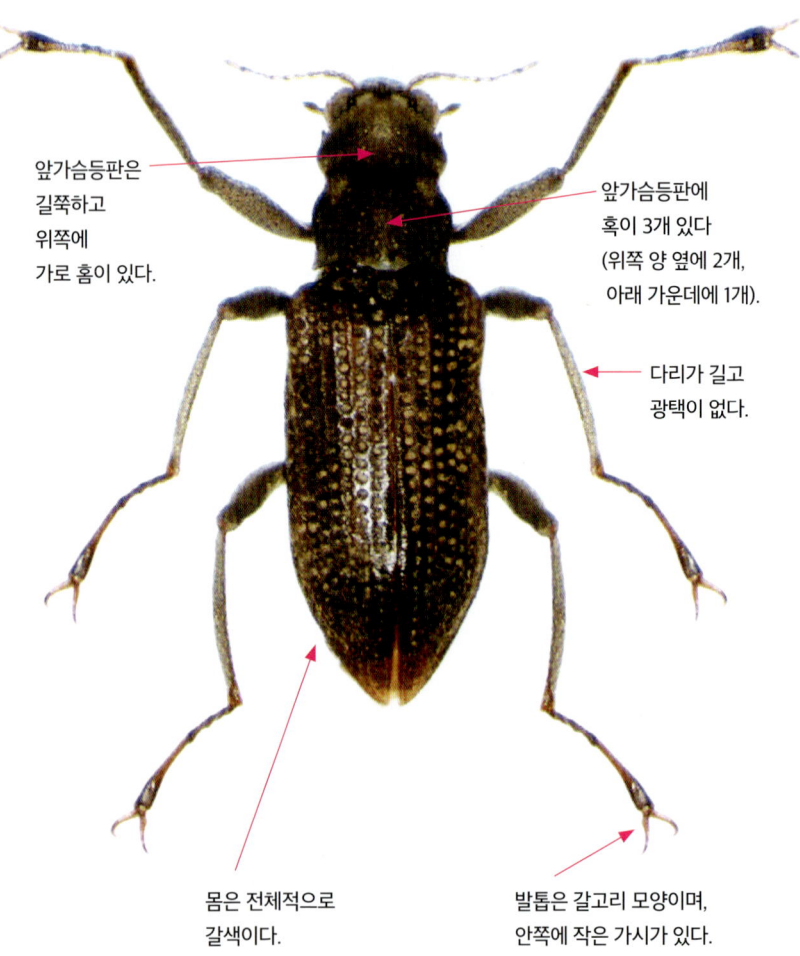

앞가슴등판은 길쭉하고 위쪽에 가로 홈이 있다.

앞가슴등판에 혹이 3개 있다 (위쪽 양 옆에 2개, 아래 가운데에 1개).

다리가 길고 광택이 없다.

몸은 전체적으로 갈색이다.

발톱은 갈고리 모양이며, 안쪽에 작은 가시가 있다.

여울벌레과 Elmidae

애여울벌레 *Zaitzevia tsushimana*

몸길이는 약 1.8mm이다. 여울벌레 중에서 작은 축에 속한다.
하천 여울에 살며, 야간 불빛에 날아온다.

더듬이는 매우 짧으며 8마디이다.

앞가슴등판 가운데에 타원형 홈이 있다.

딱지날개 양쪽 끝에 노란색 줄무늬가 3개 있다.

다리에 노란색 털 뭉치가 있다.

몸은 전체적으로 검고 광택이 있다.

여울벌레과 Elmidae

좀여울벌레 *Zaitzeviaria obesa*

몸길이는 약 1.1mm이다. 여울벌레 중 가장 작아 맨눈으로 확인하기는 어렵다.
하천 여울 지역에 산다.

더듬이가 매우 짧으며 7마디이다.

앞가슴등판 가운데에 홈이 길게 있다.

딱지날개 양쪽 끝에 줄무늬가 2개 있다. 이 점으로 유사종인 애여울벌레와 구별한다.

몸은 광택이 없는 검은색이다.

여울벌레붙이과 Dryopidae

여울벌레붙이 *Elmomorphus brevicornis*

몸길이는 약 4mm이다. 우리나라에서는 변산반도 국립공원에서만 보인다.
해발고도가 다소 높은 물속의 썩은 나무에 산다.

- 더듬이는 짧고 솔방울 모양이며 밝은 갈색이다.
- 발목마디와 발톱은 갈색이다.
- 앞가슴등판에는 홈이 없고 반짝거린다.
- 가운데다리 넓적다리마디 안쪽에 강한 센털이 있다.
- 몸은 전체적으로 광택이 도는 검은색이다.

85

진흙벌레과 Heteroceridae

일본진흙벌레 *Augyles japonicus*

몸길이는 약 4mm이다. 습지나 정수역 진흙에 산다.

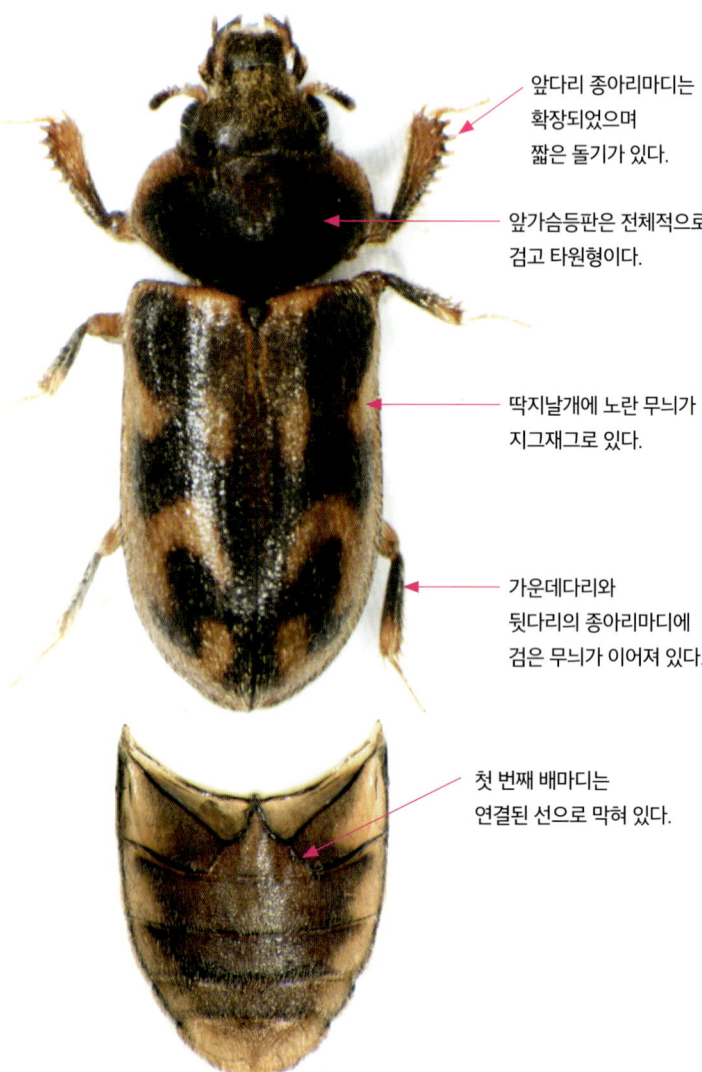

앞다리 종아리마디는 확장되었으며 짧은 돌기가 있다.

앞가슴등판은 전체적으로 검고 타원형이다.

딱지날개에 노란 무늬가 지그재그로 있다.

가운데다리와 뒷다리의 종아리마디에 검은 무늬가 이어져 있다.

첫 번째 배마디는 연결된 선으로 막혀 있다.

진흙벌레과 Heteroceridae

알락진흙벌레 *Heterocerus fenestratus*

몸길이는 3~5mm이다. 우리나라에서 가장 흔한 진흙벌레이다.
정수역의 진흙에 살며, 야간 불빛에 날아온다.

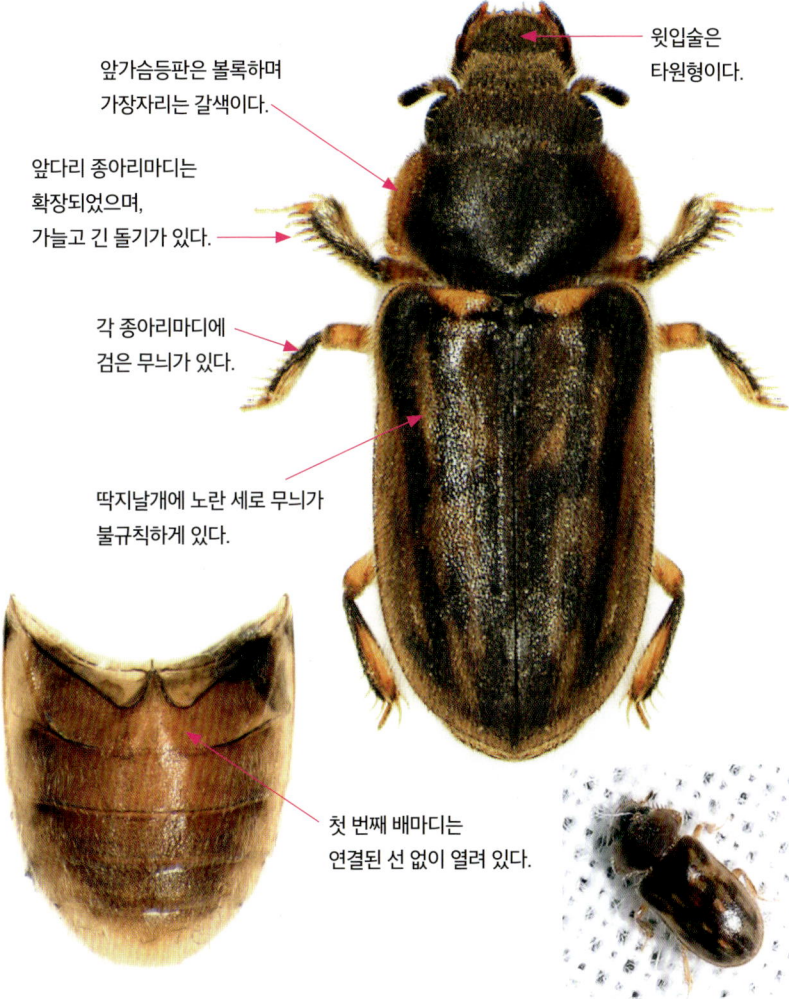

앞가슴등판은 볼록하며 가장자리는 갈색이다.

윗입술은 타원형이다.

앞다리 종아리마디는 확장되었으며, 가늘고 긴 돌기가 있다.

각 종아리마디에 검은 무늬가 있다.

딱지날개에 노란 세로 무늬가 불규칙하게 있다.

첫 번째 배마디는 연결된 선 없이 열려 있다.

물샛갓벌레과 Psephenidae

둥근물샛갓벌레 *Eubrianax ramicornis*

수컷은 약 3mm, 암컷은 약 4.5mm이다. 하천의 중류 및 상류에 산다.
유충은 배 뒤쪽에 아가미술이 4쌍 있다.

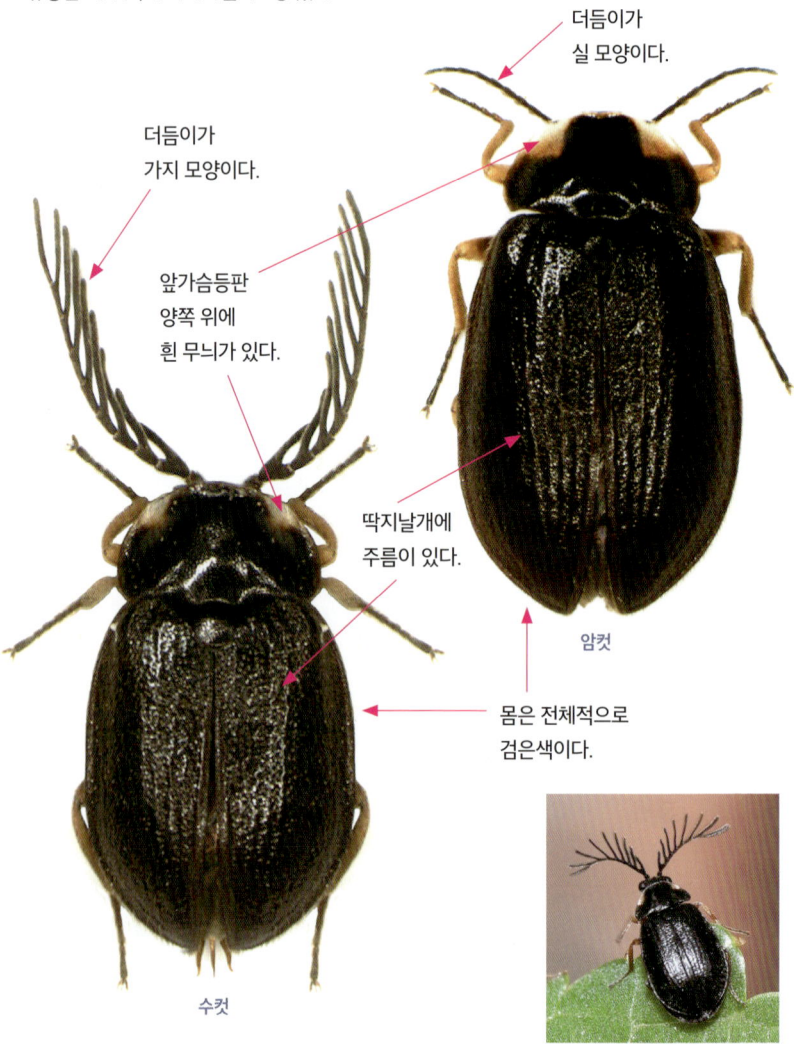

더듬이가 실 모양이다.

더듬이가 가지 모양이다.

앞가슴등판 양쪽 위에 흰 무늬가 있다.

딱지날개에 주름이 있다.

암컷

몸은 전체적으로 검은색이다.

수컷

물샷갓벌레과 Psephenidae

물샷갓벌레 *Mataeopsephus japonicus*

몸길이는 4~5mm이다. 하천 중하류에 살며, 야간 불빛에 날아온다.
유충은 배 뒤쪽에 아가미술이 6쌍 있다.

더듬이는 가늘고 길다.

앞가슴등판은 흑색이며 넓다.

딱지날개는 갈색이며 약한 주름이 있다.

노란 알 뭉치를 돌에다 붙인다.

몸은 전체적으로 갈색이다.

물샷갓벌레과 Psephenidae

개울물샷갓벌레 *Malacopsephenoides japonicus*

몸길이는 약 2mm이다. 물샷갓벌레과 중에서 가장 작으며, 물샷갓벌레와 같이 중하류 여울 지역에 산다. 유충은 배쪽에 기관아가미가 없으며, 돌기가 있다.

수컷 더듬이는 가지 모양이며 몸길이보다 길다. 암컷 더듬이는 수컷보다 짧고 실 모양이다.

전체적으로 사각형이며 연한 갈색이다.

수서
노린재
무리

무리 이해하기

수서 노린재는 저서성 대형무척추동물로, 물속에 사는 진수서 노린재와 수면에서 지내는 반수서 노린재로 구분한다. 분류학적으로 진수서 노린재는 장구애비하목(Nepomorpha)에 속하며, 반수서 노린재는 소금쟁이하목(Gerromorpha)에 속한다. 국내에는 14과 34속 84종이 기록되었다(『한국곤충명집』 2021년 기준).

14개 과(Family)는 물노린재과(Mesoveliidae, 1속 2종), 깨알물노린재과(Hebridae, 1속 1종), 실소금쟁이과(Hydrometridae, 1속 3종), 소금쟁이과(Gerridae, 7속 18종), 깨알소금쟁이과(Veliidae, 2속 6종), 물장군과(Belostomatidae, 3속 4종), 장구애비과(Nepidae, 3속 4종), 물벌레과(Corixidae, 4속 16종), 딱부리물벌레과(Ochteridae, 1속 1종), 물빈대과(Aphelocheiridae, 1속 3종), 물둥구리과(Naucoridae, 1속 2종), 송장헤엄치게과(Notonectidae, 2속 7종), 둥글물벌레과(Pleidae, 1속 2종), 갯노린재과(Saldidae, 6속 15종)로 나뉜다. 다만 지금까지 수서 노린재 연구가 활발히 이루어지지 않았기에 분류학적 재검토가 필요하다.

수서 노린재 중에서 지표종으로 선정된 종은 아직 없으며, 물장군이 1998년 멸종위기 야생생물로 지정되어 현재까지 멸종위기 야생생물 II급으로 보호받고 있다. 물장군은 과거에는 흔했지만, 도시화 및 서식처 파괴로 개체수가 급감해 현재는 외곽 섬 지역에서만 간헐적으로 관찰된다.

노린재는 번데기 시기를 거치지 않는 불완전변태 곤충으로, 유충과 성충의 형태가 비슷하다. 수서 노린재는 대개 발목마디로 둘을 구별하며(유충 1마디, 성충 2마디), 유충은 1령부터 5령까지 탈피 과정을 거친다. 진수서 노린재는 성충이 되면 제대로 날 수 있으나, 반수서 노린재는 날개가 긴 종, 날개가 짧은 종, 날개가 아예 없는 종 등 날개 변이가 있어 성충이라도 다 날지는 못한다.

일반적으로 진수서 노린재는 1년 1세대이며, 성충으로 겨울을 난다. 반수서 노린재류는 1년에 1세대 또는 2세대, 많게는 다세대인 종도 있으며, 대부분 성충으로 겨울을 나지만 일부 종은 알이나 유충으로 월동하기도 한다.

보통 연못, 습지, 저수지 같은 정수성 서식처를 선호하지만 종에 따라 하천이나 큰 강의 유수역에도 산다. 대부분 대기 호흡을 하지만 물벌레과 또는 물빈대과의 어린 유충은 용존산소를 이용하다가 3령 이상으로 자란 뒤에 대기 호흡을 하기도 한다. 대부분 육식성으로 질병 매개체인 모기의 천적이지만 물벌레과는 식물 잔해나 진흙 속 유기체를 먹기도 한다. 이런 생태 특성으로 미루어 보아 수서 노린재는 수생태계 자원으로서 다양하게 활용, 연구할 만한 가치가 있다.

형태 및 구조 특징

머리 모양은 종에 따라 다르다. 주둥이는 가늘고 길며 먹이를 빨아 먹을 수 있는 구조이다. 더듬이는 짧거나 길며 3~4마디로 이루어지고 눈 앞쪽에 달렸다. 일반적으로 분절된 다리 3쌍이 있으며, 발톱이 2개 있다. 앞가슴은 대체로 크고 넓으며, 날개는 편평하게 접혀 있다. 앞날개 앞쪽은 단단하고 아래쪽에 약한 막질부(membrane)가 있다. 뒷날개는 막질이다. 유충은 대부분 날개주머니가 있지만 일부 유충과 성충 중에는 무시형도 있다.

주둥이와 더듬이, 다리 모양과 길이는 각 과를 구별하는 데에 매우 중요하다. 일부 무리에서는 앞날개 막질부의 시맥과 몸 형태가 주요 형질이 되기도 한다.

수서 노린재 형태(예: 큰물자라)

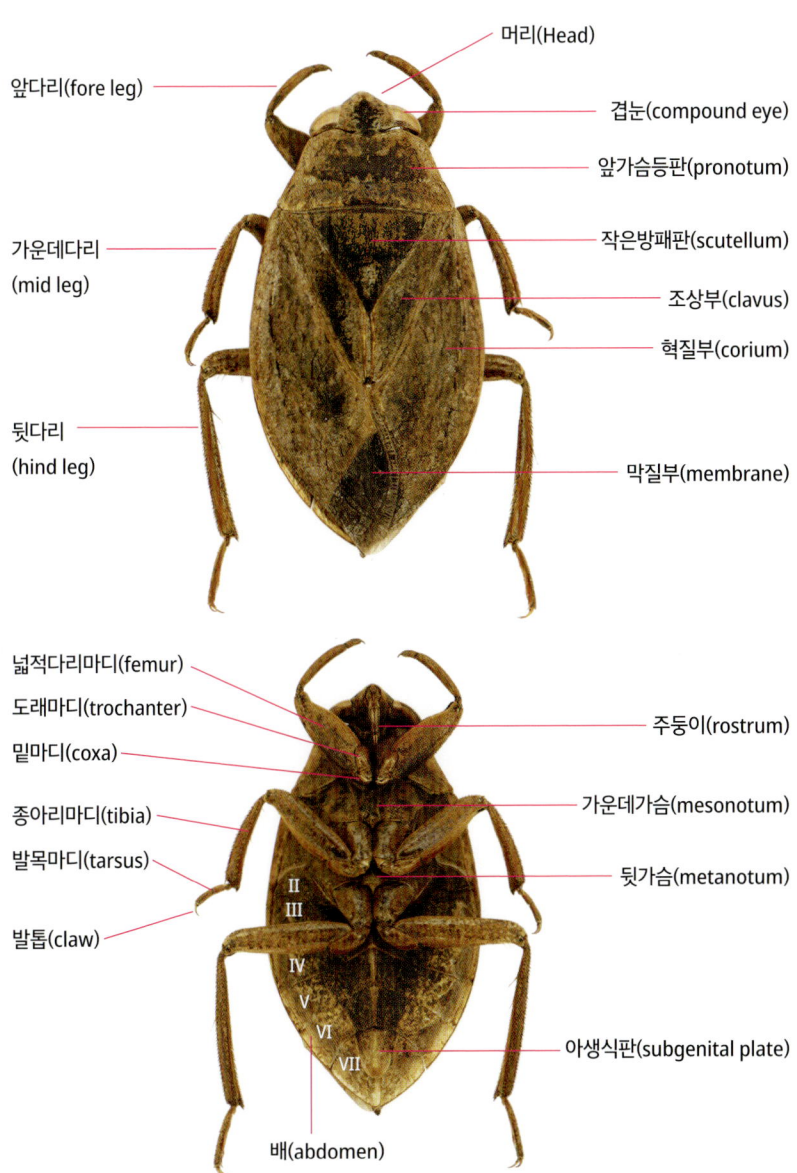

과(Family) 검색표

* 우리나라에 사는 수서 노린재 기준

1. 더듬이는 머리 너비보다 짧으며, 위쪽에서 잘 보이지 않는다. ··· 2
   더듬이는 머리 너비보다 길며, 위쪽에서 잘 보인다. ·· 9

2. 주둥이는 넓고 짧으며, 삼각형이다. ································ **물벌레과(Corixidae)**
   주둥이는 가늘고 길다. ·· 3

3. 배 끝에 호흡관이 1쌍 있다. ·· 4
   배 끝에 호흡관이 없다. ··· 5

4. 배 끝의 호흡관이 매우 짧다. ······································ **물장군과(Belostomatidae)**
   배 끝의 호흡관이 가늘고 길다. ·· **장구애비과(Nepidae)**

5. 겹눈은 크며, 홑눈이 있다. ······································· **딱부리물벌레과(Ochteridae)**
   겹눈은 보통 크기이며, 홑눈이 없다. ·· 6

6. 몸은 납작하다. ·· 7
   몸은 길쭉하거나 타원형이다. ·· 8

7. 몸은 둥글며, 머리는 좁다. ···································· **물빈대과(Aphelocheiridae)**
   몸은 타원형이며, 머리는 넓다. ·································· **물둥구리과(Naucoridae)**

8. 몸은 작으며(< 2.5mm), 다리에 수영털이 없다. ················ **둥글물벌레과(Pleidae)**
   몸은 크며(> 5mm), 다리에 수영털이 있다. ············ **송장헤엄치게과(Notonectidae)**

9. 날개 막질에 방(4~5개)이 있다. ······························· **갯노린재과(Saldidae)**
   날개 막질에 방이 없다. ··· 10

10. 앞다리 발톱은 발목마디 앞쪽 끝에 있다. ·· 11
    앞다리 발톱은 발목마디 앞쪽 끝보다 안쪽에 있다. ·· 13

11. 몸은 매우 가늘고 길며, 머리는 길다. ···························· **실소금쟁이과(Hydrometridae)**
    몸은 타원형이며, 머리는 짧다. ··· 12

12. 다리 발목마디는 2마디이다. ··· **깨알물노린재과(Hebridae)**
    다리 발목마디는 3마디이다. ·· **물노린재과(Mesoveliidae)**

13. 뒷다리는 보통 길이이며, 머리 가운데에 세로 홈이 있다. ······ **깨알소금쟁이과(Veliidae)**
    뒷다리는 매우 길며, 머리 가운데에 홈이 없다. ···························· **소금쟁이과(Gerridae)**

수록 종 목록

	노린재목	Order Hemiptera
	물노린재과	Family Mesoveliidae Douglas & Scott, 1867
1	물노린재	*Mesovelia vittigera* Horváth, 1895
	깨알물노린재과	Family Hebridae Amyot & Serville, 1843
2	깨알물노린재	*Hebrus nipponicus* Horváth, 1929
	실소금쟁이과	Family Hydrometridae Billberg, 1820
3	애실소금쟁이	*Hydrometra procera* Horváth, 1905
	소금쟁이과	Family Gerridae Leach, 1815
4	왕소금쟁이	*Aquarius elongatus* (Uhler, 1896)
5	소금쟁이	*Aquarius paludum* (Fabricius, 1794)
6	애소금쟁이	*Gerris latiabdominis* Miyamoto, 1958
7	등빨간소금쟁이	*Gerris gracilicornis* (Horváth, 1879)
8	광대소금쟁이	*Metrocoris histrio* (White, 1883)
	깨알소금쟁이과	Family Veliidae Brullé, 1836
9	긴깨알소금쟁이	*Microvelia douglasi* Scott, 1874
10	호르바드깨알소금쟁이	*Microvelia horvathi* Lundblad, 1933
	물장군과	Family Belostomatidae Leach, 1815
11	물자라	*Appasus japonicus* (Vuillefroy, 1864)
12	큰물자라	*Appasus major* (Esaki, 1934)
13	각시물자라	*Diplonychus esakii* Miyamoto & Lee, 1966
14	물장군	*Kirkaldyia deyrolli* (Vuillefroy, 1864)
	장구애비과	Family Nepidae Latreille, 1802
15	장구애비	*Laccotrephes japonensis* Scott, 1874
16	메추리장구애비	*Nepa hoffmanni* Esaki, 1925
17	게아재비	*Ranatra chinensis* Mayr, 1865
18	방게아재비	*Ranatra unicolor* Scott, 1874

노린재목		Order Hemiptera
물벌레과		Family Corixidae Leach, 1815
19	왕물벌레	*Hesperocorixa hokkensis* (Matsumura, 1905)
20	어리방물벌레	*Sigara septemlineata* (Paiva, 1918)
21	진방물벌레	*Sigara bellura* (Horváth, 1879)
22	방물벌레	*Sigara substriata* (Uhler, 1896)
23	동쪽꼬마물벌레	*Micronecta sahlbergii* (Jakovlev, 1881)
24	꼬마물벌레	*Micronecta sedula* Horváth, 1905
25	꼬마손자물벌레	*Micronecta guttata* Matsumura, 1905
딱부리물벌레과		Family Ochteridae Kirkaldy, 1906
26	딱부리물벌레	*Ochterus marginatus* (Latreille, 1804)
물빈대과		Family Aphelocheiridae Fieber, 1851
27	물빈대	*Aphelocheirus nawae* Nawa, 1905
물둥구리과		Family Naucoridae Leach, 1815
28	물둥구리	*Ilyocoris cimicoides exclamationis* (Scott, 1874)
송장헤엄치게과		Family Notonectidae Latreille, 1802
29	애송장헤엄치게	*Anisops ogasawarensis* Matsumura, 1915
30	송장헤엄치게	*Notonecta triguttata* Motschulsky, 1861
둥글물벌레과		Family Pleidae Fieber, 1851
31	꼬마둥글물벌레	*Paraplea indistinguenda* (Matsumura, 1905)
32	둥글물벌레	*Paraplea japonica* (Horváth, 1904)
갯노린재과		Family Saldidae Amyot & Serville, 1843
33	갯노린재	*Saldula saltatoria* (Linnaeus, 1758)

물노린재과 Mesoveliidae

물노린재 *Mesovelia vittigera*

몸길이는 3mm 정도이다. 무시형이 흔하며, 유시형은 드물다.
주로 수초가 많은 연못, 습지 또는 하천의 고인 물 표면이나 가장자리에 산다.

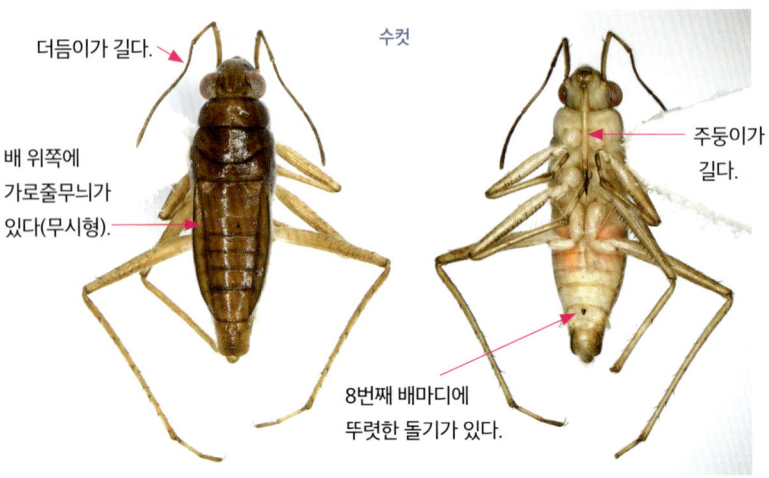

수컷

- 더듬이가 길다.
- 배 위쪽에 가로줄무늬가 있다(무시형).
- 주둥이가 길다.
- 8번째 배마디에 뚜렷한 돌기가 있다.

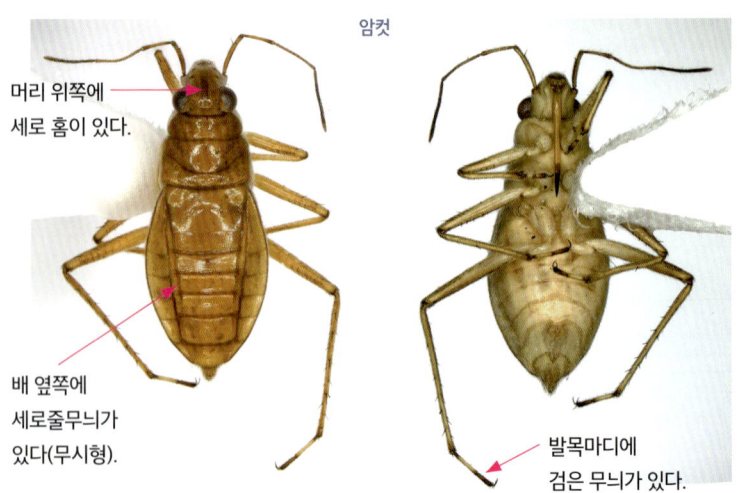

암컷

- 머리 위쪽에 세로 홈이 있다.
- 배 옆쪽에 세로줄무늬가 있다(무시형).
- 발목마디에 검은 무늬가 있다.

깨알물노린재과 Hebridae

깨알물노린재 *Hebrus nipponicus*

몸길이는 1.7mm 정도로 매우 작다. 주로 논과 소류지 주변의 습한 곳에 산다.

다리는 갈색 또는 노란색이다.

머리와 앞가슴등판은 울퉁불퉁하다.

조상부 위쪽에 흰 무늬가 있다.

더듬이는 길고 5마디이며, 바깥으로 휘어졌다.

막질부는 불투명하다.

몸은 검은색에서 적갈색이며, 털이 있다.

실소금쟁이과 Hydrometridae

애실소금쟁이 *Hydrometra procera*

몸길이는 약 9mm이다. 주로 논, 습지, 저수지 등에 살며 수변부를 걸어 다닌다.

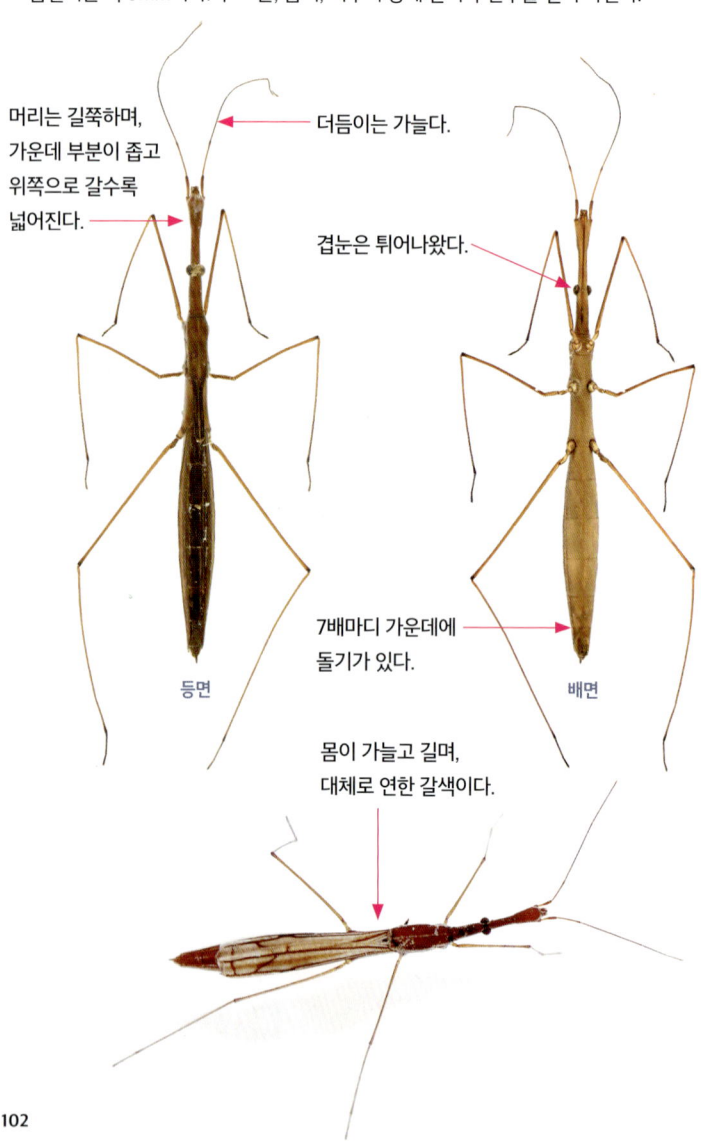

머리는 길쭉하며, 가운데 부분이 좁고 위쪽으로 갈수록 넓어진다.

더듬이는 가늘다.

겹눈은 튀어나왔다.

7배마디 가운데에 돌기가 있다.

등면

배면

몸이 가늘고 길며, 대체로 연한 갈색이다.

소금쟁이과 Gerridae

왕소금쟁이 *Aquarius elongatus*

몸길이는 약 25mm로 소금쟁이과 중에서 가장 크다.
국내에서는 제주도에서만 보고되었지만, 내륙에서도 관찰된 적이 있다.

전체적으로 검은색이다.

가운데다리는 매우 가늘며 몸길이의 3배 이상이다.

배마디 끝의 양쪽 돌기는 굵고 길며, 바깥으로 휘어졌다.

소금쟁이과 Gerridae

소금쟁이 *Aquarius paludum*

몸길이는 약 15mm이며, 왕소금쟁이와 생김새가 비슷하지만 조금 작다. 주변에 흔하다.

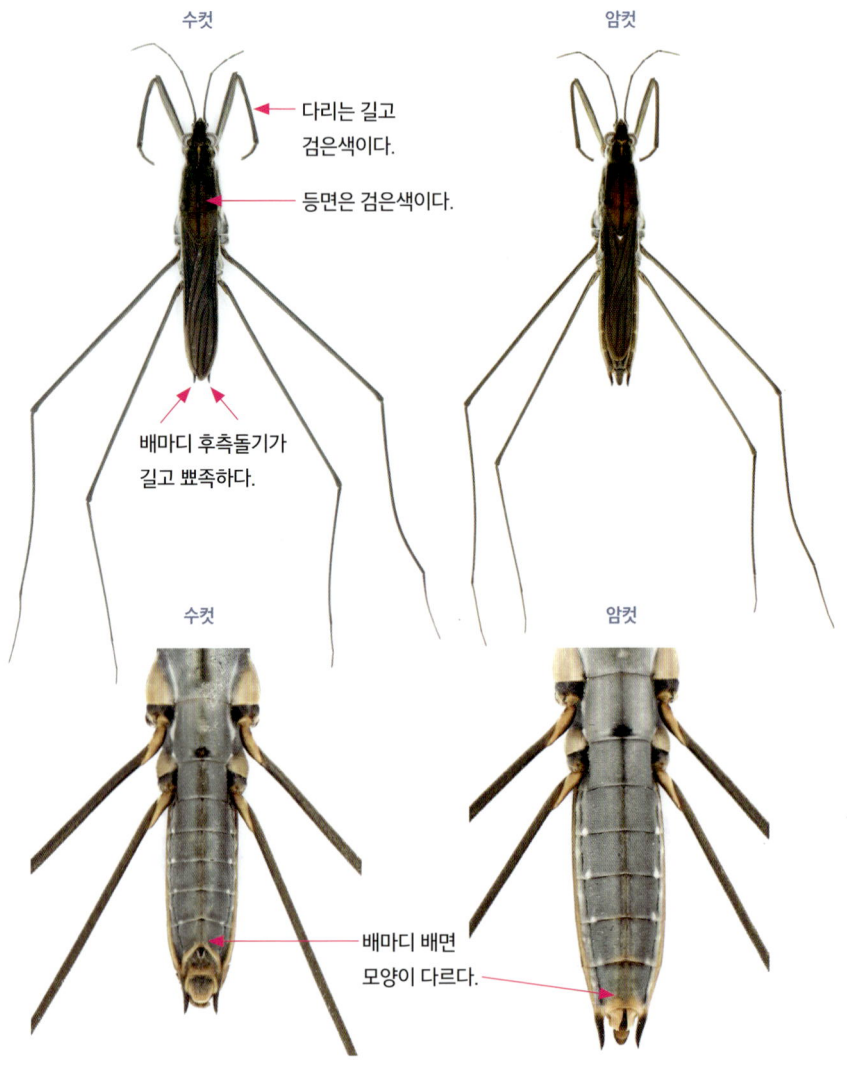

수컷 / 암컷

다리는 길고 검은색이다.
등면은 검은색이다.
배마디 후측돌기가 길고 뾰족하다.
배마디 배면 모양이 다르다.

소금쟁이과 Gerridae

애소금쟁이 *Gerris latiabdominis*

몸길이는 약 9mm이다. 소금쟁이 중에서 가장 흔하다.

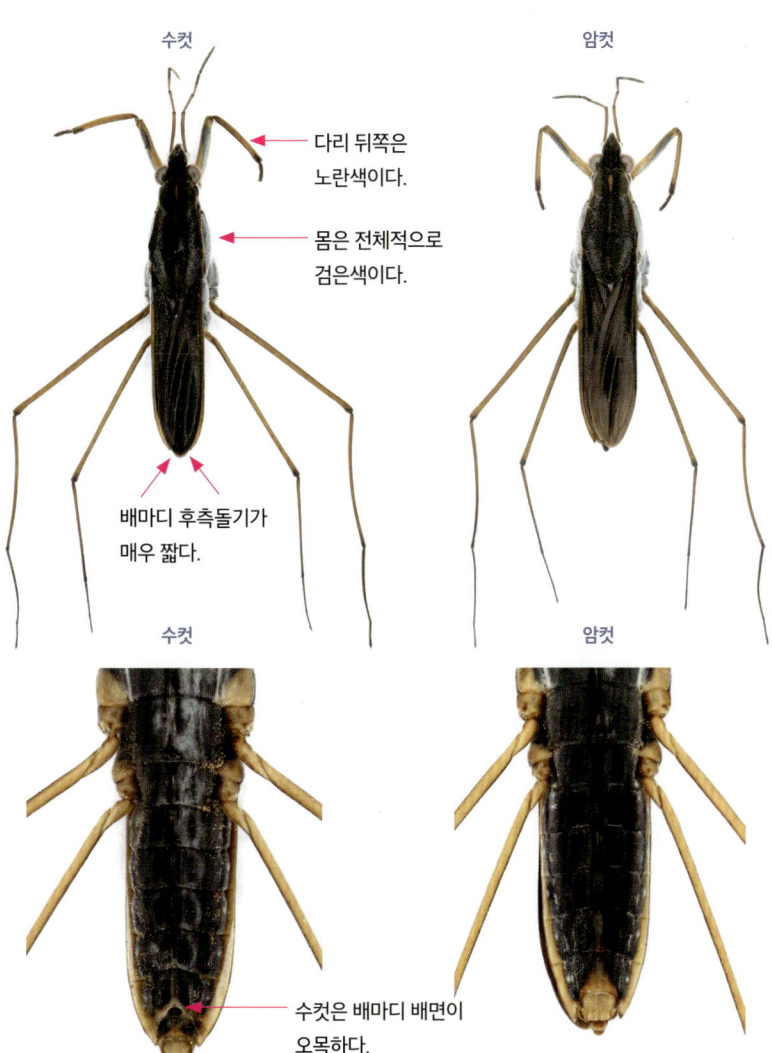

수컷 / 암컷

- 다리 뒤쪽은 노란색이다.
- 몸은 전체적으로 검은색이다.
- 배마디 후측돌기가 매우 짧다.
- 수컷은 배마디 배면이 오목하다.

소금쟁이과 Gerridae

등빨간소금쟁이 *Gerris gracilicornis*

몸길이는 약 13mm이다. 다소 고도가 높은 산간 계류의 정수역 또는 고산 습지에 산다.

등면은 붉은색이다.

배마디는 흙색이다.

수컷 _ 배

다리는 노란색이다.

배 끝마디가 오목하다.

암컷 _ 배

배 끝마디가 볼록하다.

소금쟁이과 Gerridae

광대소금쟁이 *Metrocoris histrio*

몸길이는 약 6mm이다. 대부분 무시형이 보이지만, 드물게 유시형 중에서도 장시형이 관찰되기도 한다. 주로 산간 계곡 수면에 산다.

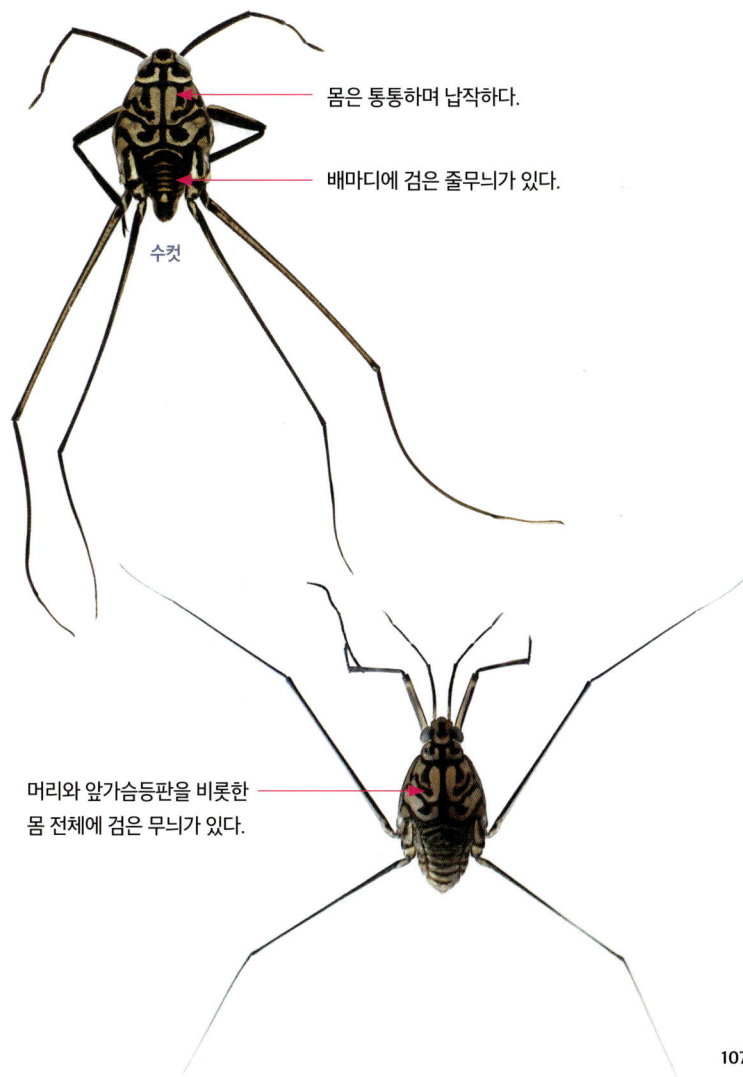

몸은 통통하며 납작하다.

배마디에 검은 줄무늬가 있다.

수컷

머리와 앞가슴등판을 비롯한 몸 전체에 검은 무늬가 있다.

깨알소금쟁이과 Veliidae

긴깨알소금쟁이 *Microvelia douglasi*

몸길이는 약 2mm이다. 수초가 있는 정수역 또는 습지 수면에서 여러 마리가 보인다.

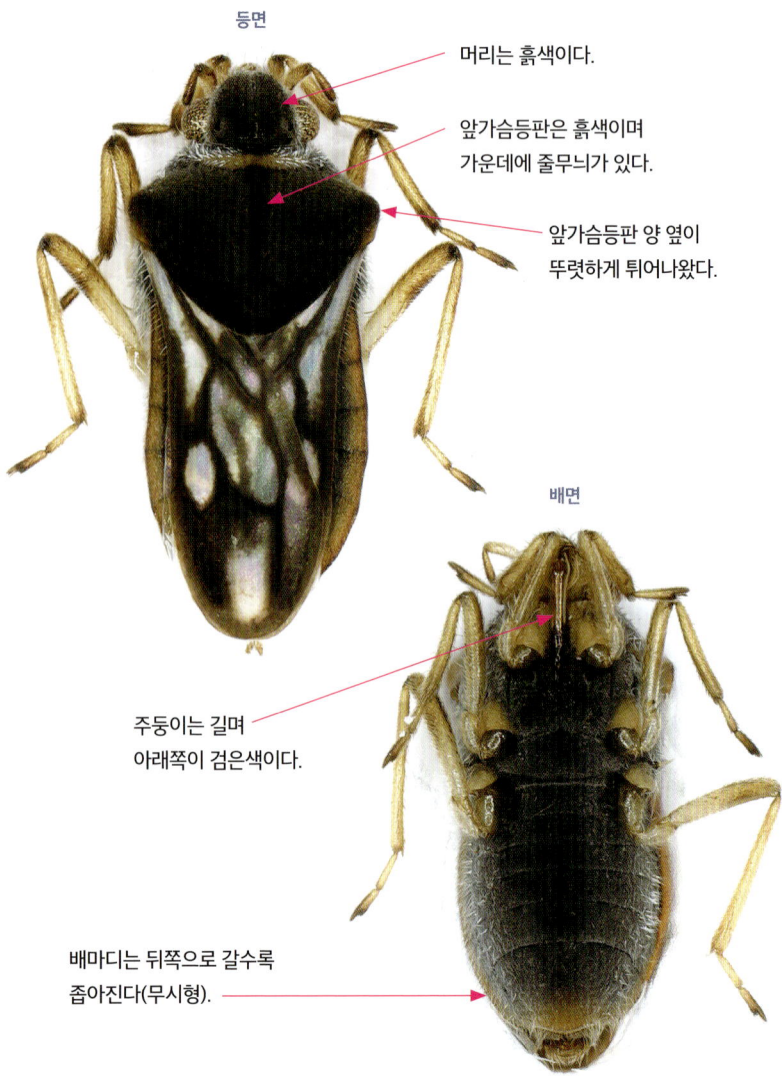

등면

머리는 흑색이다.

앞가슴등판은 흑색이며 가운데에 줄무늬가 있다.

앞가슴등판 양 옆이 뚜렷하게 튀어나왔다.

배면

주둥이는 길며 아래쪽이 검은색이다.

배마디는 뒤쪽으로 갈수록 좁아진다(무시형).

깨알소금쟁이과 Veliidae

호르바드깨알소금쟁이 *Microvelia horvathi*

몸길이는 약 1.5mm이다. 습지 주변이나 물가에서 여러 마리가 보인다.

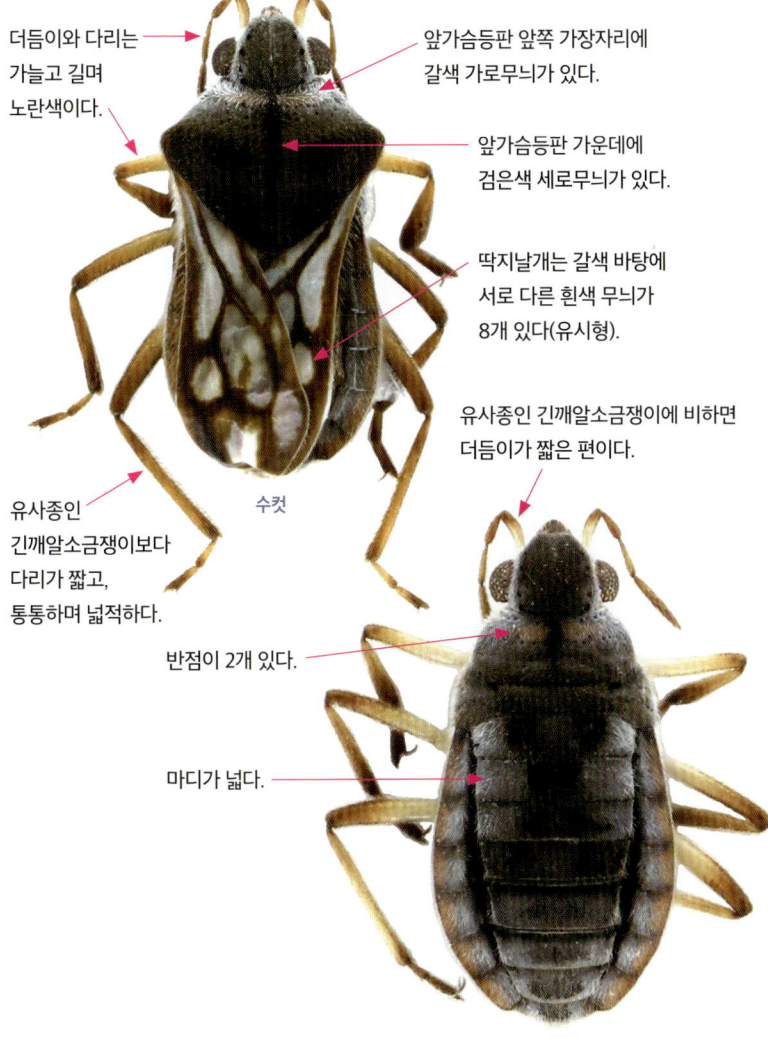

- 더듬이와 다리는 가늘고 길며 노란색이다.
- 앞가슴등판 앞쪽 가장자리에 갈색 가로무늬가 있다.
- 앞가슴등판 가운데에 검은색 세로무늬가 있다.
- 딱지날개는 갈색 바탕에 서로 다른 흰색 무늬가 8개 있다(유시형).
- 유사종인 긴깨알소금쟁이에 비하면 더듬이가 짧은 편이다.
- 유사종인 긴깨알소금쟁이보다 다리가 짧고, 통통하며 넓적하다.
- 반점이 2개 있다.
- 마디가 넓다.

수컷

암컷

물장군과 Belostomatidae

물자라 *Appasus japonicus*

몸길이는 약 20mm이다. 물장군과에서 가장 흔하며, 하천의 수변부나 저수지, 논 등에 산다.

머리 앞쪽이 뾰족하며 주둥이는 살짝 구부러졌다.

머리 가운데에 검은 세로무늬가 있다.

앞다리 넓적다리마디는 얇고 안쪽이 살짝 휘었다.

작은방패판은 넓고 흙색 세로 무늬가 있다.

딱지날개에 검은 무늬가 있다.

배 끝에 호흡관이 2개 있다.

물장군과 Belostomatidae

큰물자라 *Appasus major*

몸길이는 약 25mm로 물자라보다 크다. 물장군과에서 가장 드물며, 해발고도가 높은 곳의 습지에 산다.

머리 앞쪽이 튀어나왔으며, 주둥이는 안쪽으로 크게 구부러졌다.

머리 윗면에 넓은 무늬가 있다.

앞가슴등판이 넓다.

앞다리 넓적다리마디는 굵고 안쪽이 크게 휘었다.

물장군과 **Belostomatidae**

각시물자라 *Diplonychus esakii*

몸길이는 약 15mm로 물자라보다 작다. 주로 우리나라 남쪽의 정수역에 산다.

날개 뒤쪽 가장자리에 갈색 무늬가 있다.

몸 가장자리가 투명하다.

앞가슴등판에 진한 가로무늬가 있다.

물상군과 Belostomatidae

물장군 *Kirkaldyia deyrolli*

몸길이는 약 70mm로 물장군과 중에서 가장 크다. 해안가 주변 정수역에 살며, 야간 불빛에 날아온다. 멸종위기 야생생물 II급이다.

앞다리는 낫 모양으로 크고 강력하다.

종아리마디와 발목마디에 검은 무늬가 있다.

호흡관은 가늘고 길다.

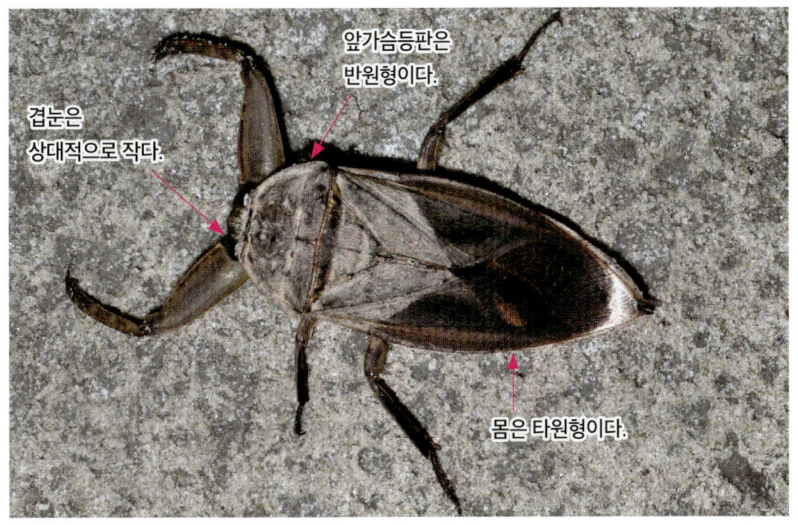

겹눈은 상대적으로 작다.

앞가슴등판은 반원형이다.

몸은 타원형이다.

장구애비과 Nepidae

장구애비 *Laccotrephes japonensis*

몸길이는 약 35mm이다. 우리나라 전역에 산다.

장구애비과 Nepidae

메추리장구애비 *Nepa hoffmanni*

몸길이는 20mm 정도로 장구애비보다 작다. 장구애비보다 고도가 높은 곳에 산다.

몸은 타원형이며 윗면이 볼록하다.

전체적으로 갈색이다.

앞다리 넓적다리마디 안쪽에 돌기가 있다.

몸은 상대적으로 짧고 납작하며, 배 뒤쪽으로 갈수록 다소 폭이 넓어진다.

호흡관이 매우 짧다.

장구애비과 Nepidae

게아재비 *Ranatra chinensis*

몸길이는 약 40mm이다. 우리나라 전역에 살며 저수지, 습지, 연못 등에 흔하다. 야간 불빛에 날아오기도 한다.

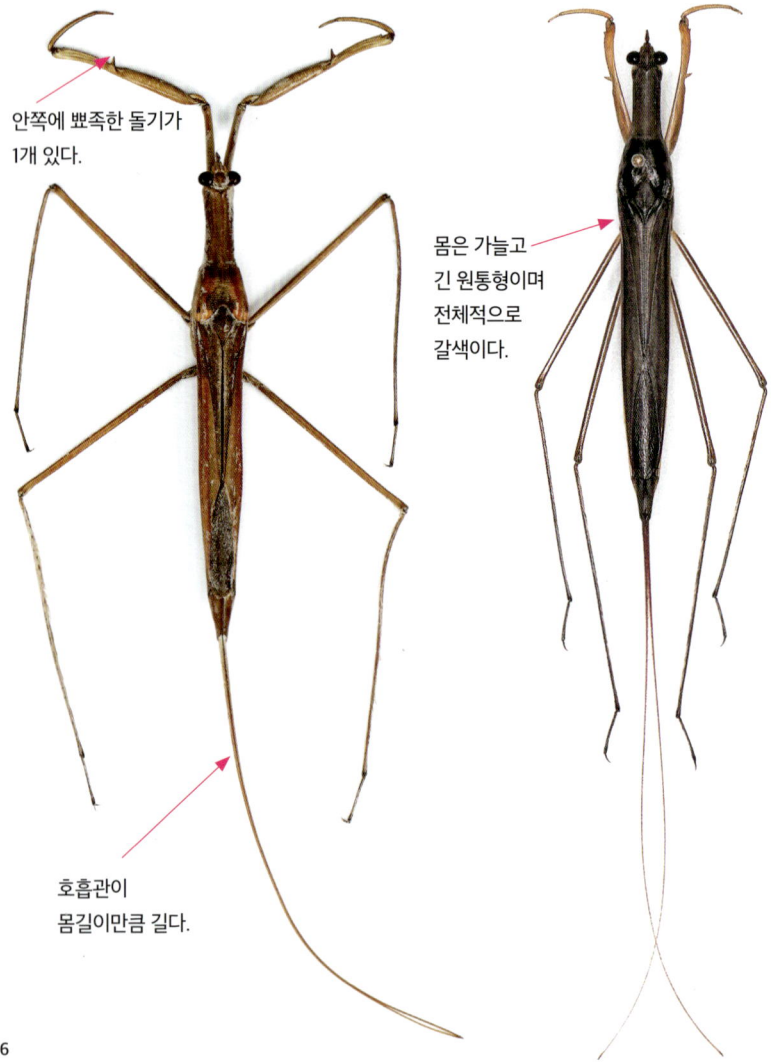

안쪽에 뾰족한 돌기가 1개 있다.

몸은 가늘고 긴 원통형이며 전체적으로 갈색이다.

호흡관이 몸길이만큼 길다.

장구애비과 Nepidae

방게아재비 *Ranatra unicolor*

몸길이는 약 30mm이다. 게아재비와 거의 비슷하게 생겼지만 조금 작다. 게아재비와 비슷한 환경에서 살며, 우리나라에서는 북쪽보다는 남쪽 지역에서 더 많이 보인다.

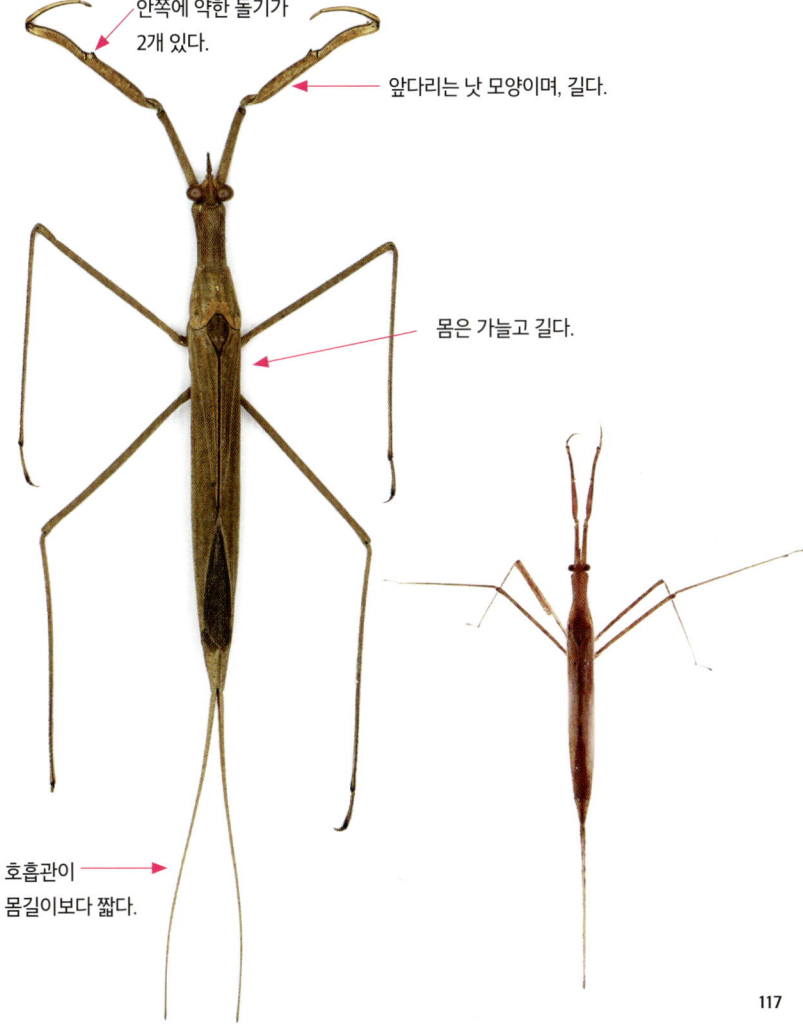

안쪽에 약한 돌기가 2개 있다.

앞다리는 낫 모양이며, 길다.

몸은 가늘고 길다.

호흡관이 몸길이보다 짧다.

물벌레과 Corixidae

왕물벌레 *Hesperocorixa hokkensis*

몸길이는 약 10mm로 물벌레과 중에서 가장 크다. 주로 우리나라 남쪽 지역에 살며, 고도가 높은 곳을 선호한다. 대체로 한 마리씩 관찰된다.

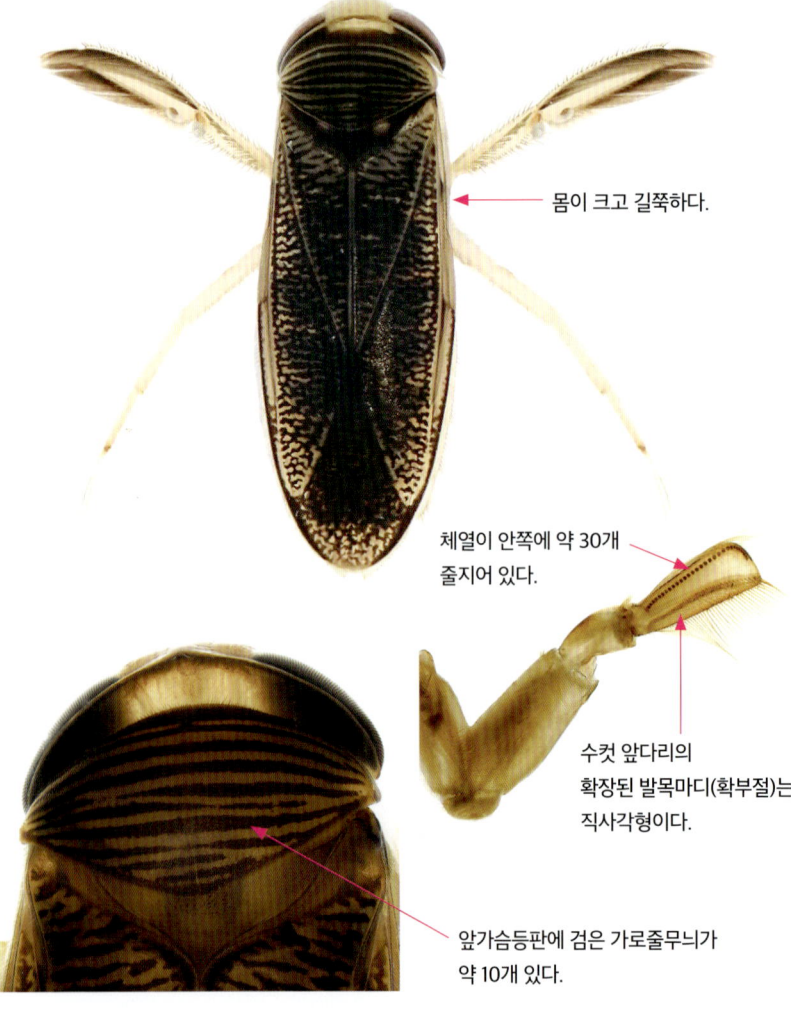

몸이 크고 길쭉하다.

체열이 안쪽에 약 30개 줄지어 있다.

수컷 앞다리의 확장된 발목마디(확부절)는 직사각형이다.

앞가슴등판에 검은 가로줄무늬가 약 10개 있다.

물벌레과 Corixidae

어리방물벌레 *Sigara septemlineata*

몸길이는 약 5mm로, 물벌레과 중에서는 중형종이다. 논이나 습지에 흔하며, 진흙 안쪽이나 표면에서 관찰된다.

머리는 완만한 곡선을 이룬다.

중형종이며 몸이 길쭉하다.

앞가슴등판에 검고 얇은 가로줄무늬가 약 8개 있다.

체열은 중간에서 완만한 곡선을 이룬다.

수컷 앞다리의 확장된 발목마디(확부절)는 끝으로 갈수록 살짝 휘어진다.

물벌레과 Corixidae

진방물벌레 *Sigara bellura*

몸길이는 약 5mm로, 물벌레과 중에서는 중형종이다.
습지 또는 저수지의 물이 얕은 곳에 살며, 유사종보다 관찰되는 수가 적다.

체열은 중간에서 앞쪽으로 휘어진다.

앞가슴등판에 검고 굵은 가로줄무늬가 약 7개 있다.

수컷 앞다리의 확장된 발목마디(확부절)는 약간 직사각형이다.

등면

중형종이며 몸이 길쭉하다.

머리 위쪽이 볼록 솟아서 옆에서는 머리가 세모로 보인다.

옆면

물벌레과 Corixidae

방물벌레 *Sigara substriata*

몸길이는 약 6mm로, 물벌레과 중에서는 중형종이다.
주로 해안가 주변의 논이나 정수역에 산다.

수컷 앞다리의
확장된 발목마디(확부절)는
끝으로 갈수록 가늘어진다.

체열은 중간에서 휘어진다.

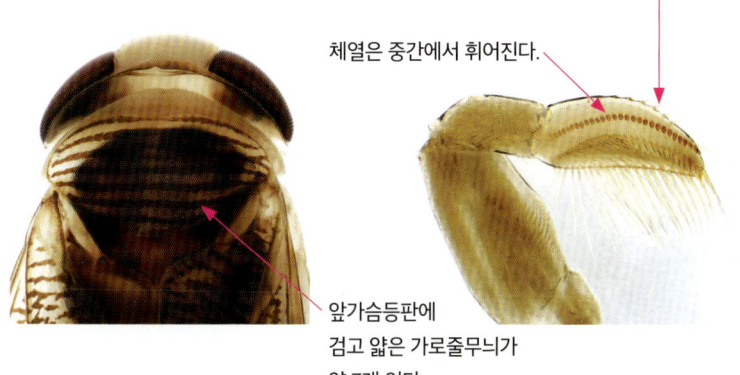

앞가슴등판에
검고 얇은 가로줄무늬가
약 7개 있다.

중형종이며
몸이 길쭉하다.

물벌레과 Corixidae

동쪽꼬마물벌레 *Micronecta sahlbergii*

몸길이는 약 3mm로, 물벌레과 중에서는 소형종이다.
주로 저수지 가장자리 또는 큰 강의 수변부에 산다.

머리 앞쪽에 있는 이마가 움푹하다.

날개는 다소 길며 흐릿한 갈색 무늬가 있다.

앞가슴등판은 타원형이며 무늬가 없다.

배쪽 중앙 돌기는 다소 넓다.

물벌레과 Corixidae

꼬마물벌레 *Micronecta sedula*

몸길이는 약 2.5mm이다. 물벌레과 중에서는 소형종이다.
주로 큰 하천의 정수역이나 논, 연못, 저수지 가장자리에 집단으로 산다.

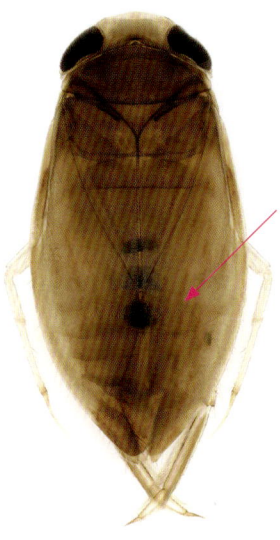

머리 앞쪽에 있는 이마가 움푹하다.

날개는 상대적으로 짧으며, 진한 갈색 무늬가 있다.

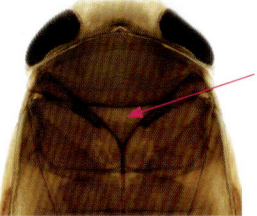

작은방패판이 크다.

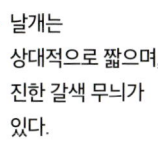

배쪽 중앙 돌기는 다소 좁다.

물벌레과 Corixidae

꼬마손자물벌레 *Micronecta guttata*

몸길이는 약 2mm이다. 물벌레과 중에서 가장 작다. 주로 큰 하천의 정수역이나 논, 연못, 저수지 가장자리에 집단으로 살며, 야간 불빛에 날아온다.

머리 앞쪽에 있는 이마가 움푹하다.

몸은 길쭉하며, 연한 갈색이다.

날개 가장자리에 흐릿한 갈색 반점이 있다.

머리 가운데에 갈색 세로무늬가 있다.

배쪽 중앙 돌기는 넓고 뾰족하지 않다.

딱부리물벌레과 Ochteridae

딱부리물벌레 *Ochterus marginatus*

몸길이는 약 5mm이다. 저수지나 연못 같은 정수역 주변이나 축축한 곳에 산다.

겹눈은 크고
양쪽으로 볼록하다.

앞가슴등판 위쪽과 아래쪽은
연한 갈색이다.

몸은 납작하며
전체에 흰색 또는 푸른색 무늬가
산재한다.

작은방패판이 크다.

다리는 길고 가늘다.

물빈대과 Aphelocheiridae

물빈대 *Aphelocheirus nawae*

몸길이는 약 8mm이다. 대표적인 유수성 노린재이다.
큰 강의 자갈 있는 곳에서 드물게 보인다.

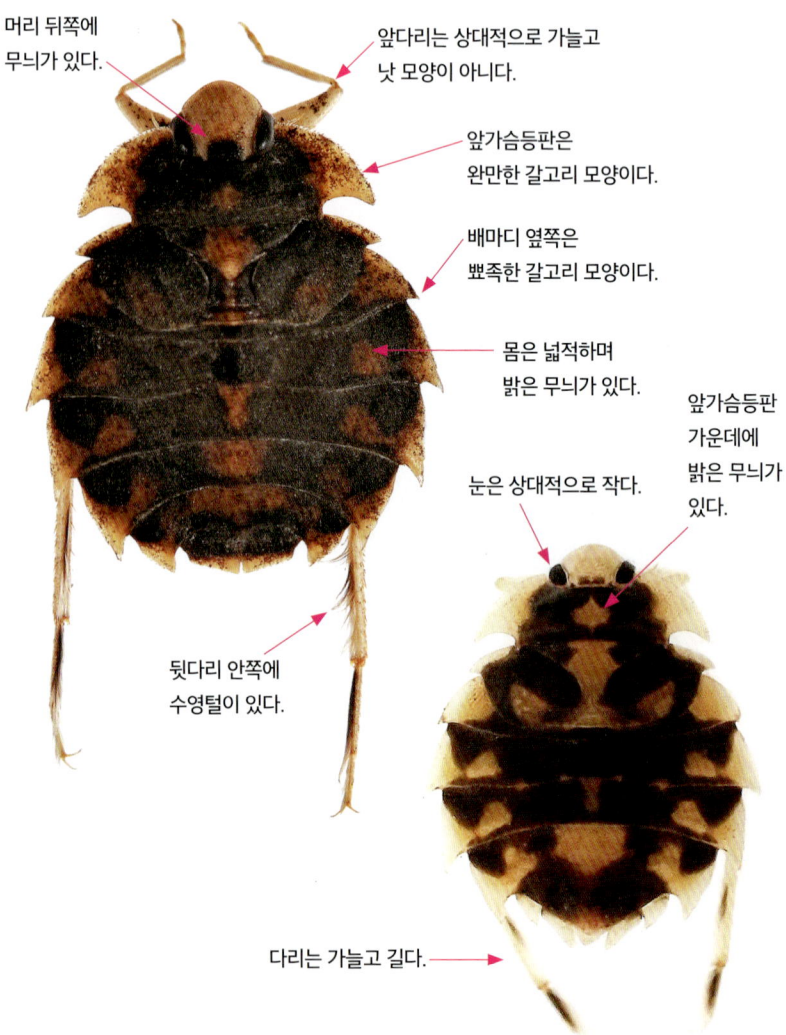

머리 뒤쪽에 무늬가 있다.

앞다리는 상대적으로 가늘고 낫 모양이 아니다.

앞가슴등판은 완만한 갈고리 모양이다.

배마디 옆쪽은 뾰족한 갈고리 모양이다.

몸은 넓적하며 밝은 무늬가 있다.

앞가슴등판 가운데에 밝은 무늬가 있다.

눈은 상대적으로 작다.

뒷다리 안쪽에 수영털이 있다.

다리는 가늘고 길다.

물둥구리과 Naucoridae

물둥구리 *Ilyocoris cimicoides exclamationis*

몸길이는 약 12mm이다. 우리나라에서는 매우 드물게 북부 또는 남부 지역에서 보인다.

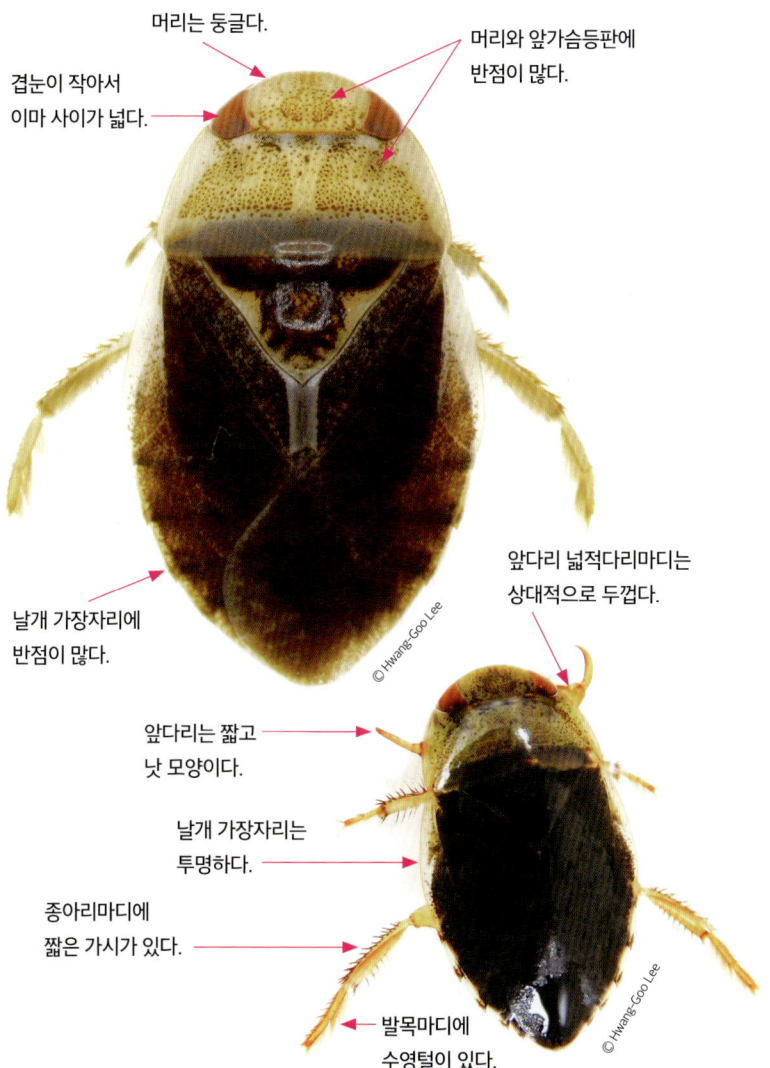

머리는 둥글다.

머리와 앞가슴등판에 반점이 많다.

겹눈이 작아서 이마 사이가 넓다.

날개 가장자리에 반점이 많다.

앞다리 넓적다리마디는 상대적으로 두껍다.

앞다리는 짧고 낫 모양이다.

날개 가장자리는 투명하다.

종아리마디에 짧은 가시가 있다.

발목마디에 수영털이 있다.

송장헤엄치게과 Notonectidae

애송장헤엄치게 *Anisops ogasawarensis*

몸길이는 약 6.5mm로 송장헤엄치게의 절반 정도다.
주로 우리나라 남부 지역이나 해안가에 인접한 정수역에서 드물게 보인다.

겹눈이 커서 이마 사이가 좁다.

머리는 완만하다.

날개는 투명한 은백색이다.

주둥이는 짧고 3마디이다.

배는 검은색이다.

송장헤엄치게과 Notonectidae

송장헤엄치게 *Notonecta triguttata*

몸길이는 약 13mm로 애송장헤엄치게의 약 2배다. 정수역인 논과 저수지 등에 살며, 우리나라 전역에 흔하다. 수면에서 몸을 뒤집어 헤엄치며 야간 불빛에 날아온다.

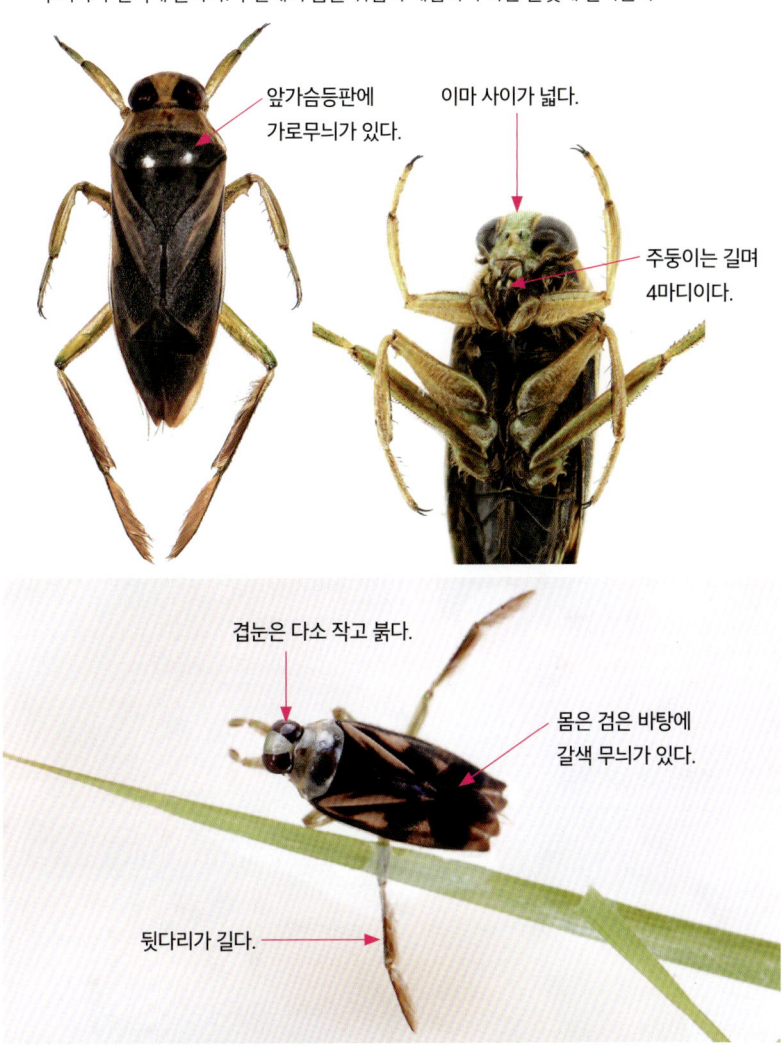

앞가슴등판에 가로무늬가 있다.

이마 사이가 넓다.

주둥이는 길며 4마디이다.

겹눈은 다소 작고 붉다.

몸은 검은 바탕에 갈색 무늬가 있다.

뒷다리가 길다.

둥글물벌레과 Pleidae

꼬마둥글물벌레 *Paraplea indistinguenda*

몸길이는 약 1.7mm로, 수서 노린재 중에서 가장 작아 맨눈으로 확인하기 어렵다.
주로 하천이나 정수역에서도 수초가 자라는 곳에 산다.

- 머리는 연한 갈색이며 무늬가 없다.
- 머리 가운데에 융기선이 있다.
- 작은방패판은 몸에 비해 크며, 삼각형이다.
- 몸은 매우 볼록하며 색이 옅다.
- 배는 다소 넓적하다.
- 다리에 검은 무늬가 뚜렷하다.

둥글물벌레과 Pleidae

둥글물벌레 *Paraplea japonica*

몸길이는 약 2.3mm이다. 수서 노린재 중에서 소형종이라 맨눈으로 확인하기 어렵다. 주로 하천이나 정수역에서도 수초가 자라는 곳에 산다.

머리에 짙은 갈색 무늬가 있다.

작은방패판은 몸에 비해 크며 삼각형이다.

배는 길쭉하다.

머리 가운데에 융기선이 없다.

다리에 검은 무늬가 흐릿하다.

131

갯노린재과 Saldidae

갯노린재 *Saldula saltatoria*

몸길이는 약 4mm이다. 주로 해변가 정수역에 산다.

겹눈 사이에 홑눈이 명확하게 보인다.

더듬이는 흙색이며 길다.

몸은 타원형이다.

넓적다리마디마다 검은 무늬가 있다.

앞날개 뒤쪽은 노란색이며, 날개맥으로 나뉘는 방 4개에는 각각 반점이 있다.

앞가슴등판은 검은색이다.

주둥이는 가늘고 길다.

참고문헌

- 이대현, 안기정. 2018. 대한민국 생물지. 한국의 곤충. 제 12권 22호. 수서딱정벌레 I. 절지동물문: 곤충강: 딱정벌레목: 물방개과. 환경부 국립생물자원관. 167 pp.
- 이대현, 안기정. 2019. 대한민국 생물지. 한국의 곤충. 제 12권 26호. 수서딱정벌레 II. 절지동물문: 곤충강: 딱정벌레목: 물맴이과, 물진드기과, 자색물방개과, 물땡땡이과. 환경부 국립생물자원관. 164 pp.
- Balke, M., Jäch, M.A., Hendrich, L. 2002. Insecta: Coleoptera. pp. 555–609. in: Yule, C.M. and Yong, H.S. (Eds.). Freshwater Invertebrates of Malaysian Region. Academy of Sciences Malaysia, Kuala Lumpur.
- Crowson, R.A. 1981. The biology of Coleoptera. Academic Press, London. pp. 1–802.
- Jäch, M.A., Balke M. 2008. Global diversity of water beetles (Coleoptera) in freshwater, Hydrobiologia 595: 419–442.
- Jung, S.W. 2015. Systematic revision and molecular phylogeny of the Dryopoidea (Insecta: Coleoptera) in Korea. PhD dissertation, Korea University, Seoul, Korea, pp. 1-289.
- Jung, S.W., Jäch, M.A., Bae Y.J. 2015. Review of the Korean Elmidae (Coleoptera: Dryopoidea) with descriptions of three new species. Aquatic Insects 36: 93-124.
- Jung, S.W., Min, H.K., Lee, D.H. 2020. Aquatic Beetles Fauna in Nohwa and Bogil Islands, and *Copelatus parallelus* (Coleoptera: Dytiscidae) and *Scirtes sobrinus* (Coleoptera: Scirtidae) New to South Korea. Animal Systematics, Evolution and Diversity 36(2): 128-138.
- Jung, S.W., Jäch, M.A., Bae, Y.J. 2020. Review of the water penny beetles (Coleoptera: Psephenidae) of the Korean Peninsula based on morphology and mitochondrial cytochrome c oxidase subunit I gene sequences. Journal of Asia Pacific Biodiversity 13: 13-23.
- Kawai, T., Tanida, K. (eds), 2018. Aquatic insects of Japan:manual with keys and illustrations. Tokai University Press, Hiratsuka.
- Lawrence, J.F., Ślipiński, A., Seago, A.E., Thayer, M.K., Newton, A.F., Marvaldi, A.E. 2011. Phylogeny of the Coleoptera based on morphological characters of adults and larvae. Annals of Zoology (Warszawa) 61: 1–217.
- Lee, C.E., Cho, P.S. 1971. Illustrated Encyclopedia of Fauna & Flora of Korea Vol. 12 Insecta (IV): Heteroptera & Homoptera. Ministry of Education Republic of Korea, pp. 1-610.
- Lee, C.E. 1991. Morphological and Phylogenetic Studies on the True Water Bugs (Hemiptera: Heteroptera). Nature and Life 21(2): 1-183.
- Lee, D.H. 2016. A taxonomic revision of aquatic Coleoptera in Korea. PhD dissertation, Chungnam National University, Daejeon, Korea, pp. 489.
- McKenna, D.D. 2014. Molecular phylogenetics and evolution of Coleoptera. Handbook of Zoology, Vol. IV: Arthropoda: Insecta. Part 38 Coleoptera, Beetles, Vol. 3. pp.1–10. in: Leschen, R.A.B., Beutel, R.G, (Eds.). Morphology and Systematics (Phytophaga). Walter de Gruyter, Berlin.

- Slipinski, S.A., Leschen, R.A.B., Lawrence, J.F. 2011. Order Coleoptera Linneaus, 1758. in: Zhang, Z.Q. (Ed.). Animal biodiversity: An outline of higher level classification and survey of taxonomic richness, Zootaxa 3148: 203–208.
- Yoon, I.B. 1988. Illustrated Encyclopedia of Fauna & Flora of Korea Vol. 30 Aquatic Insects. Ministry of Education Republic of Korea, 840pp.
- Yoon, I.B. 1995. Aquatic Insects of Korea. Junghaengsa, Seoul, 262pp.
- Yoshitomi, H. 2005. Systematic revision of the family Scirtidae of Japan, with phylogeny, morphology and bionomics (Insecta: Coleoptera, Scirtoidea). Japanese Journal of Systematic Entomology, Monographic Series, 3: 1-212.

빨리찾기

수서 딱정벌레 무리

● **물방개과** Dytiscidae

땅콩물방개
Agabus japonicus
p.20

큰땅콩물방개
Agabus regimbarti
p.21

모래무지물방개
Ilybius apicalis
p.22

노랑테콩알물방개
Platambus fimbriatus
p.23

섬등줄물방개
Copelatus japonicus
p.27

산수콩알물방개
Platambus ussuriensis
p.24

애기물방개
Rhantus suturalis
p.25

제주애기물방개
Rhantus yessoensis
p.26

애등줄물방개
Copelatus weymarni
p.28

물방개
Cybister chinensis
p.29

동쪽애물방개
Cybister lewisianus
p.30

검정물방개
Cybister brevis
p.31

아담스물방개
Graphoderus adamsii
p.32

호랑물방개
Sandracottus mixtus
p.33

배물방개붙이
Dytiscus marginalis czerskii
p.34

잿빛물방개
Eretes griseus
p.35

줄무늬물방개
Hydaticus bowringii
p.36

큰알락물방개
Hydaticus conspersus
p.37

큰꼬마물방개
Hydroglyphus geminus
p.39

꼬마물방개
Hydroglyphus japonicus
p.40

혹외줄물방개
Nebrioporus hostilis
p.41

꼬마줄물방개
Hydaticus grammicus
p.38

노랑무늬물방개
Oreodytes natrix
p.42

점톨물방개
Hydrovatus subtilis
p.43

가는줄물방개
Hygrotus chinensis
p.44

콩돌물방개
Allopachria flavomaculata
p.45

알물방개
Hyphydrus japonicus
p.46

깨알물방개
Laccophilus difficilis
p.47

● 물맴이과 Gyrinidae

왕물맴이	물맴이	긴꼬리물맴이
Dineutus orientalis	*Gyrinus japonicus*	*Orectochilus villosus*
p.48	**p.49**	**p.50**

● 물진드기과 Haliplidae

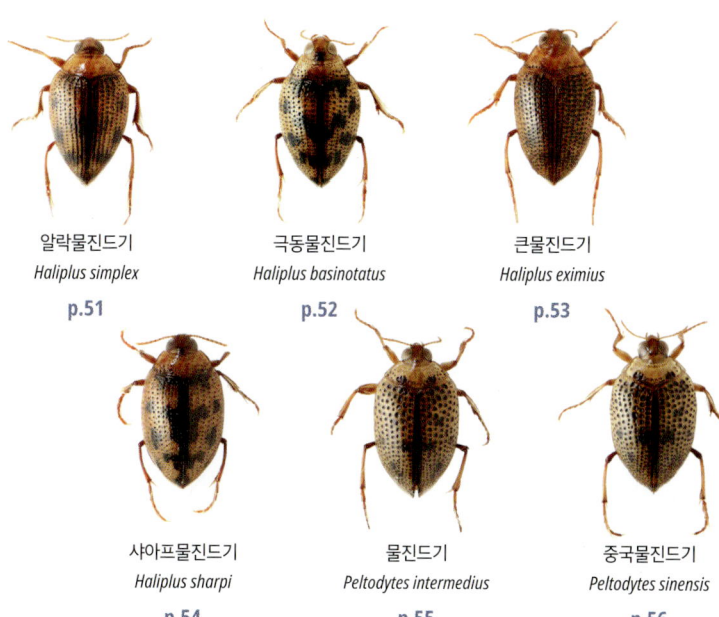

알락물진드기	극동물진드기	큰물진드기
Haliplus simplex	*Haliplus basinotatus*	*Haliplus eximius*
p.51	**p.52**	**p.53**

샤아프물진드기	물진드기	중국물진드기
Haliplus sharpi	*Peltodytes intermedius*	*Peltodytes sinensis*
p.54	**p.55**	**p.56**

● 자색물방개과 Noteridae

● 물땡땡이과 Hydrophilidae

노랑띠물방개
Canthydrus politus
p.57

자색물방개
Noterus japonicus
p.58

좀물땡땡이
Helochares nipponicus
p.62

샘물땡땡이
Crenitis apicalis
p.63

● 알꽃벼룩과 Scirtidae

알꽃벼룩
Scirtes japonicus
p.59

알꽃벼룩사촌
Scirtes sobrinus
p.60

애넓적물땡땡이
Enochrus simulans
p.64

꼬마넓적물땡땡이
Enochrus esuriens
p.65

새가슴물땡땡이
Berosus japonicus
p.66

뒷가시물땡땡이
Berosus lewisius
p.67

● 투구물땡땡이과 Helophoridae

투구물땡땡이
Helophorus auriculatus
p.61

콩알물땡땡이
Regimbartia attenuata
p.68

알물땡땡이
Amphiops mater
p.68

잔물땡땡이
Hydrochara affinis

p.70

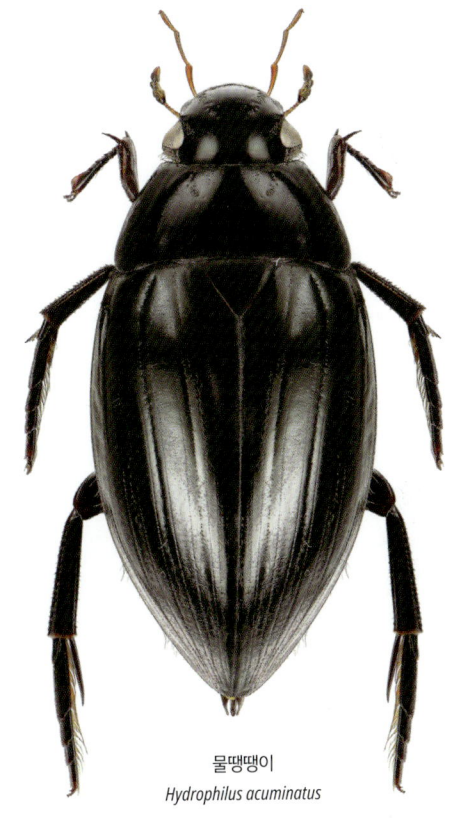

물땡땡이
Hydrophilus acuminatus

p.71

애물땡땡이
Sternolophus rufipes

p.72

두점물땡땡이
Laccobius binotatus

p.73

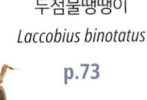

가는점물땡땡이
Laccobius formosus

p.74

무늬점물땡땡
Laccobius oscillans

p.75

등볼록물땡땡이
Coelostoma stultum

p.76

● 호리가슴땡이과 Hydraenidae

참호리가슴땡이
Hydraena puetzi
p.77

잔잘록호리가슴땡이
Ochthebius satoi
p.78

● 여울벌레과 Elmidae

작은무늬여울벌레
Optioservus gapyeongensis
p.79

곰보긴다리여울벌레
Stenelmis nipponica
p.80

긴다리여울벌레
Stenelmis vulgaris
p.81

혹여울벌레
Leptelmis gracilis
p.82

애여울벌레
Zaitzevia tsushimana
p.83

좀여울벌레
Zaitzeviaria obesa
p.84

● 여울벌레붙이과 Dryopidae

여울벌레붙이
Elmomorphus brevicornis
p.85

● 진흙벌레과 Heteroceridae

일본진흙벌레
Augyles japonicus
p.86

알락진흙벌레
Heterocerus fenestratus
p.87

● 물삿갓벌레과 Psephenidae

둥근물삿갓벌레
Eubrianax ramicornis
p.88

물삿갓벌레
Mataeopsephus japonicus
p.89

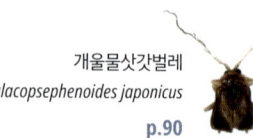
개울물삿갓벌레
Malacopsephenoides japonicus
p.90

142

수서 노린재 무리

● 물노린재과
Mesoveliidae

물노린재
Mesovelia vittigera
p.100

● 깨알물노린재과
Hebridae

깨알물노린재
Hebrus nipponicus
p.101

● 실소금쟁이과
Hydrometridae

애실소금쟁이
Hydrometra procera
p.102

● 소금쟁이과 Gerridae

왕소금쟁이
Aquarius elongatus
p.103

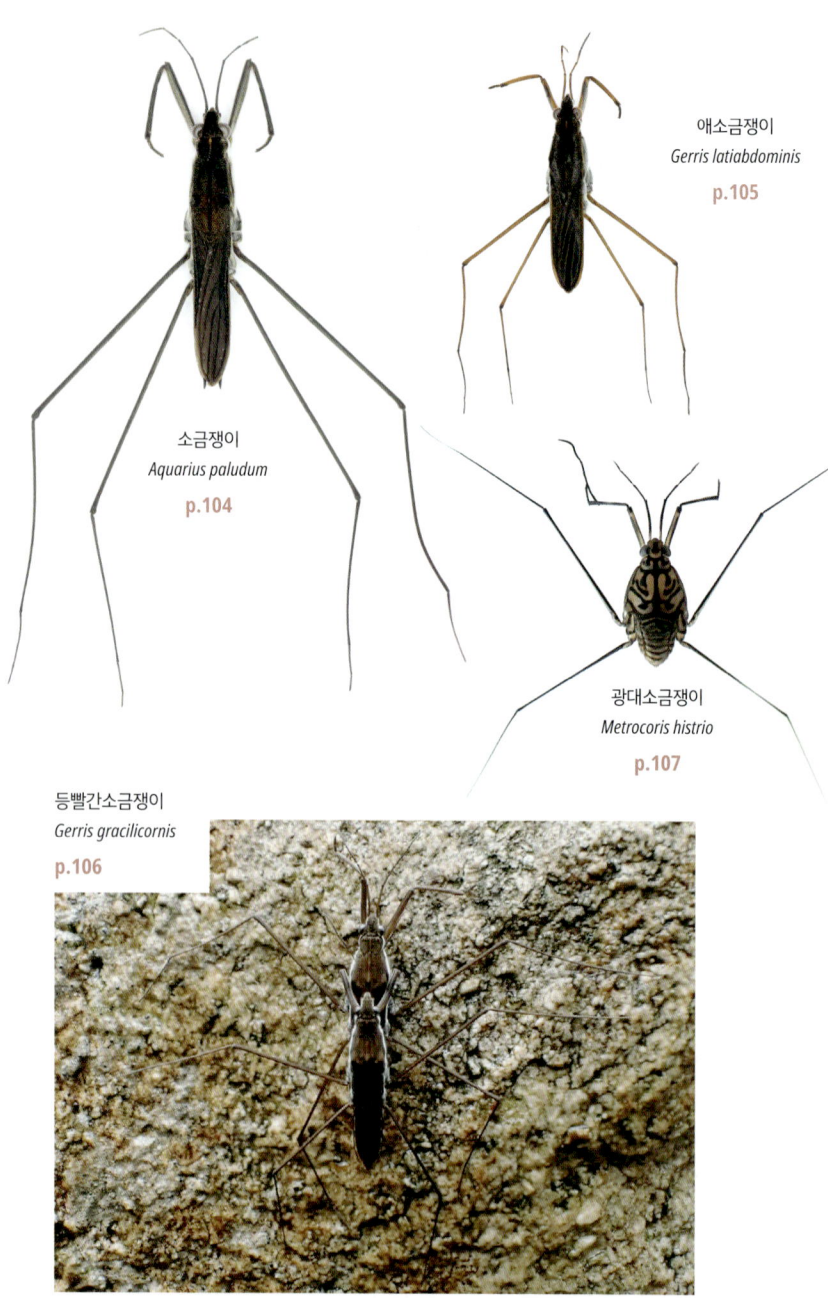

● 깨알소금쟁이과 Veliidae

긴깨알소금쟁이
Microvelia douglasi
p.108

호르바드깨알소금쟁이
Microvelia horvathi
p.109

● 물장군과 Belostomatidae

물자라
Appasus japonicus
p.110

큰물자라
Appasus major
p.111

각시물자라
Diplonychus esakii
p.112

물장군
Kirkaldyia deyrolli
p.113

● 장구애비과 Nepidae

장구애비
Laccotrephes japonensis
p.114

메추리장구애비
Nepa hoffmanni
p.115

게아재비
Ranatra chinensis
p.116

방게아재비
Ranatra unicolor
p.117

● 물벌레과 Corixidae

왕물벌레
Hesperocorixa hokkensis
p.118

어리방물벌레
Sigara septemlineata
p.119

진방물벌레
Sigara bellura
p.120

방물벌레
Sigara substriata
p.121

동쪽꼬마물벌레
Micronecta sahlbergii
p.122

꼬마물벌레
Micronecta sedula
p.123

꼬마손자물벌레
Micronecta guttata
p.124

● 딱부리물벌레과 Ochteridae

딱부리물벌레
Ochterus marginatus
p.121

● 물빈대과 Aphelocheiridae

물빈대
Aphelocheirus nawae
p.126

● 물둥구리과 Naucoridae

● 송장헤엄치게과 Notonectidae

애송장헤엄치게
Anisops ogasawarensis
p.128

물둥구리
Ilyocoris cimicoides exclamationis
p.127

● 둥글물벌레과 Pleidae

꼬마둥글물벌레　　둥글물벌레
Paraplea indistinguenda　*Paraplea japonica*
p.130　　　　　　**p.131**

● 갯노린재과 Saldidae

갯노린재
Paraplea indistinguenda
p.130

송장헤엄치게
Notonecta triguttata
p.129

찾아보기

수서 딱정벌레

가는점물땡땡이 74
가는줄물방개 44
개울물삿갓벌레 90
검정물방개 31
곰보긴다리여울벌레 80
극동물진드기 52
긴꼬리물맴이 50
긴다리여울벌레 81
깨알물방개 47
꼬마넓적물땡땡이 65
꼬마물방개 40
꼬마줄물방개 38
노랑띠물방개 57
노랑무늬물방개 42
노랑테콩알물방개 23
동쪽애물방개 30
두점물땡땡이 73
둥근물삿갓벌레 88
뒷가시물땡땡이 67
등볼록물땡땡이 76
땅콩물방개 20
모래무지물방개 22
무늬점물땡땡이 75
물땡땡이 71
물맴이 49
물방개 29
물삿갓벌레 89
물진드기 55
배물방개붙이 34
산수콩알물방개 24
새가슴물땡땡이 66
샘물땡땡이 63
샤아프물진드기 54
섬등줄물방개 27
아담스물방개 32
알꽃벼룩 59
알꽃벼룩사촌 60
알락물진드기 51
알락진흙벌레 87
알물땡땡이 69
알물방개 46
애기물방개 25
애넓적물땡땡이 64
애등줄물방개 28
애땡땡이 72
애여울벌레 83
여울벌레붙이 85
왕물맴이 48
일본진흙벌레 86
자색물방개 58
작은무늬여울벌레 79
잔물땡땡이 70
잔잘록호리가슴땡땡이 78
잿빛물방개 35
점톨물방개 43
제주애기물방개 26
좀땡땡이 62
좀여울벌레 84
줄무늬물방개 36
중국물진드기 56
참호리가슴땡땡이 77
콩돌물방개 45
콩알물땡땡이 68
큰꼬마물방개 39
큰땅콩물방개 21
큰물진드기 53
큰알락물방개 37
투구물땡땡이 61
호랑물방개 33
혹여울벌레 82
혹외줄물방개 41
Agabus japonicus 20
Agabus regimbarti 21
Allopachria flavomaculata 45
Amphiops mater 69
Augyles japonicus 86
Berosus japonicus 66
Berosus lewisius 67
Canthydrus politus 57
Coelostoma stultum 76
Copelatus japonicus 27
Copelatus weymarni 28
Crenitis apicalis 63
Cybister brevis 31
Cybister chinensis 29
Cybister lewisianus 30
Dineutus orientalis 48
Dytiscus marginalis czerskii 34
Elmomorphus brevicornis 85
Enochrus esuriens 65
Enochrus simulans 64
Eretes griseus 35
Eubrianax ramicornis 88
Graphoderus adamsii 32
Gyrinus japonicus 49
Haliplus basinotatus 52
Haliplus eximius 53
Haliplus sharpi 54
Haliplus simplex 51
Helochares nipponicus 62
Helophorus auriculatus 61
Heterocerus fenestratus 87
Hydaticus bowringii 36

Hydaticus conspersus 37
Hydaticus grammicus 38
Hydraena puetzi 77
Hydrochara affinis 70
Hydroglyphus geminus 39
Hydroglyphus japonicus 40
Hydrophilus acuminatus 71
Hydrovatus subtilis 43
Hygrotus chinensis 44
Hyphydrus japonicus 46
Ilybius apicalis 22
Laccobius binotatus 73
Laccobius formosus 74
Laccobius oscillans 75
Laccophilus difficilis 47
Leptelmis gracilis 82
Malacopsephenoides japonicus 90
Mataeopsephus japonicus 89
Nebrioporus hostilis 41
Noterus japonicus 58
Ochthebius satoi 78
Optioservus gapyeongensis 79
Orectochilus villosus 50
Oreodytes natrix 42
Peltodytes intermedius 55
Peltodytes sinensis 56
Platambus fimbriatus 23
Platambus ussuriensis 24
Regimbartia attenuata 68
Rhantus suturalis 25
Rhantus yessoensis 26
Sandracottus mixtus 33
Scirtes japonicus 59
Scirtes sobrinus 60
Stenelmis nipponica 80
Stenelmis vulgaris 81
Sternolophus rufipes 72
Zaitzevia tsushimana 83
Zaitzeviaria obesa 84

수서 노린재

각시물자라 112
갯노린재 132
게아재비 116
광대소금쟁이 107
긴깨알소금쟁이 108
깨알물노린재 101
꼬마둥글물벌레 130
꼬마물벌레 123
꼬마손자물벌레 124
동쪽꼬마물벌레 122
둥글물벌레 131
등빨간소금쟁이 106
딱부리물벌레 125
메추리장구애비 115
물노린재 100
물둥구리 127
물빈대 126
물자라 110
물장군 113
방게아재비 117
방물벌레 121
소금쟁이 104
송장헤엄치게 129
애소금쟁이 105
애송장헤엄치게 128
애실소금쟁이 102
어리방물벌레 119
왕물벌레 118
왕소금쟁이 103
장구애비 114
진방물벌레 120
큰물자라 111
호르바드깨알소금쟁이 109
Anisops ogasawarensis 128
Aphelocheirus nawae 126
Appasus japonicus 110
Appasus major 111

Aquarius elongatus 103
Aquarius paludum 104
Diplonychus esakii 112
Gerris gracilicornis 106
Gerris latiabdominis 105
Hebrus nipponicus 101
Hesperocorixa hokkensis 118
Hydrometra procera 102
Ilyocoris cimicoides exclamationis 127
Kirkaldyia deyrolli 113
Laccotrephes japonensis 114
Mesovelia vittigera 100
Metrocoris histrio 107
Micronecta guttata 124
Micronecta sahlbergii 122
Micronecta sedula 123
Microvelia douglasi 108
Microvelia horvathi 109
Nepa hoffmanni 115
Notonecta triguttata 129
Ochterus marginatus 125
Paraplea indistinguenda 130
Paraplea japonica 131
Ranatra chinensis 116
Ranatra unicolor 117
Saldula saltatoria 132
Sigara bellura 120
Sigara septemlineata 119
Sigara substriata 121

151